高等职业教育机电一体化技术专业规划教材

国家骨干高职院校建设项目成果

# 电子产品制作项目教程

主　编　覃智广　凌泽明

副主编　罗德雄　陈洪容　熊　平

参　编　鲁庆东　王　赛　串俊刚

主　审　王在东

机械工业出版社

本书通过项目实例讲解电子产品的设计方法及开发制作流程等，全书分5个项目进行描述，分别是跑马灯控制系统的设计与制作、数码管控制系统的设计与制作、键盘控制系统的设计与制作、过路车收费控制系统的设计与制作、液晶显示控制系统的设计与制作，内容按照从简单到复杂的顺序安排。通过这5个项目，重点介绍了电子产品中指示灯控制的方法、显示控制的方法、传感器信号接收的方法等。本书打破了传统教材的组织结构方式，按照项目任务的完成过程，集合了相关的基本知识、基本理论和技术技能，具有较强的实践性和职业性。

本书可作为高职高专机电一体化技术、电气自动化技术等相关专业课程的教材，也可作为广大工程技术人员的学习参考用书。

为方便教学，本书配有电子课件、练习与训练答案、模拟试卷及答案等，凡选用本书作为授课教材的教师，均可来电（010-88379564）或邮件（cmpqu@163.com）索取，有任何技术问题也可通过以上方式联系。

**图书在版编目（CIP）数据**

电子产品制作项目教程/覃智广，凌泽明主编. —北京：机械工业出版社，2015.9

高等职业教育机电一体化技术专业规划教材. 国家骨干高职院校建设项目成果

ISBN 978-7-111-51494-7

Ⅰ.①电… Ⅱ.①覃… ②凌… Ⅲ.①电子工业–产品–生产工艺–高等职业教育–教材 Ⅳ.①TN05

中国版本图书馆 CIP 数据核字（2015）第 206480 号

机械工业出版社（北京市百万庄大街 22 号 邮政编码 100037）
策划编辑：曲世海 责任编辑：曲世海 韩 静
责任校对：王明欣 封面设计：鞠 杨
责任印制：常天培
唐山三艺印务有限公司印刷
2018 年 1 月第 1 版第 1 次印刷
184mm×260mm · 11.5 印张 · 278 千字
0001—2000 册
标准书号：ISBN 978-7-111-51494-7
定价：32.00 元

# 高等职业教育机电一体化技术专业规划教材
## 编 委 会

# 前　言

　　本书是经过对机电一体化技术、电气自动化技术及相关专业岗位上岗人员能力要求的广泛调研，在企业技术人员、技术骨干和能工巧匠的共同指导和参与下编写的，旨在使学习者掌握机电一体化技术、电气自动化技术及相关专业岗位所需的知识、技能并具备相应的职业素质。

　　本书的编写以职业岗位需求为原则，依据机电一体化技术、电气自动化技术及相关专业岗位所需的知识、能力和素质，按照职业资格标准要求，通过企业岗位典型工作任务分析，结合机电一体化技术和电气自动化技术的发展方向，遵循高职教育教学规律，按照从简单到复杂的顺序安排电子产品制作项目。本书共开发了 5 个项目，其中项目 1 是跑马灯控制系统的设计与制作，重点介绍电子产品制作的一般流程、单片机的基本结构特点以及使用 C 语言编写单片机程序的基本思路；项目 2 是数码管控制系统的设计与制作，主要介绍单片机的定时器等知识，并介绍利用数组等常用 C 语言语句编写单片机程序的方法；项目 3 是键盘控制系统的设计与制作，主要介绍单片机中断等内容；项目 4 是过路车收费控制系统的设计与制作，主要介绍串行通信的应用；项目 5 是液晶显示控制系统的设计与制作，是整个单片机知识的综合应用和提高。

　　为了方便读者对照书中用到的 Proteus 7.5 SP3 仿真软件查找和阅读，本书中的符号不再按照国家标准予以修改。

　　本书由覃智广、凌泽明任主编，由五粮液普什集团高级工程师王在东主审，罗德雄、陈洪容、熊平任副主编，鲁庆东、王赛、串俊刚参编。其中，项目 1 由覃智广、凌泽明编写，项目 2 由覃智广、凌泽明、陈洪容编写，项目 3 由陈洪容、熊平、鲁庆东编写，项目 4 由覃智广、王赛编写，项目 5 由罗德雄、串俊刚编写。

　　在本书的编写过程中，宜宾职业技术学院五粮液技术学院领导和老师们提出了很多宝贵的意见和修改建议，同时也得到宜宾五粮液集团的大力支持，在此表示衷心的感谢。

　　限于编者水平有限，书中难免存在不足之处，恳请广大读者批评指正，以便修订时改进。

编　者

# 目　　录

# 项目1  跑马灯控制系统的设计与制作

LED 显示作为信息传播的一种重要手段，已广泛应用于室内外等需要进行服务内容和服务宗旨宣传的公众场所，例如户内外公共场所广告宣传、机场车站旅客引导信息、公交车辆报站系统、证券与银行信息显示、餐馆报价信息显示、高速公路可变情报板、体育场馆比赛转播、楼宇灯饰、交通信号灯、景观照明等。显然，LED 显示已成为城市亮化、现代化和信息化的一个重要标志。跑马灯是广告应用中一个主要的显示方式。本项目将对跑马灯的控制系统进行详细分析和设计。

## 1.1  发光二极管固定显示控制系统设计及制作

### 【任务描述】

设计一个单片机控制系统，通过修改程序，可以控制 8 个发光二极管中任意一个或几个的亮灭。

### 【任务能力目标】

1. 初步认识电子产品设计制作的基本流程；
2. 初步进行单片机系统的原理图绘制，焊接连线；
3. 初步进行编程软件的操作编程。

### 【完成任务的计划决策】

本系统选用 AT89S52 单片机作为主控制芯片，加上外围元器件组成完整的控制系统，再编程实现其相应功能。

### 【实施过程】

### 1.1.1  系统硬件设计

#### 一、控制芯片的选择

能实现本系统功能的单片机控制芯片有很多。AT89S52 单片机是 Atmel 公司生产的 8 位微型计算机，其性能稳定，功能强大，性价比高，是目前应用很广的 51 系列单片机，并且其支持在线下载程序功能，下载接口电路简单，稳定可靠。故本系统选择 AT89S52 单片机作为主控制芯片。

**知识点学习：**

1. 单片机的概念

单片机是在一块半导体芯片上集成了 CPU、存储器、输入/输出接口以及定时器/计数器等功能部件的微型计算机。

2. 常见单片机的外形

51 系列单片机中应用最广的是 Atmel 公司生产的 AT89 系列，其芯片外形图如图 1-1
所示。

图 1-1　单片机的外形图

3. 单片机的发展概况

单片机自问世以来，性能不断提高和完善，它不仅能满足很多应用场合的需要，而且具
有集成度高、功能强、速度快、体积小、功耗低、使用方便、性能可靠、价格低廉等特点，
因此，在工业控制、智能仪器仪表、数据采集和处理、通信系统、网络系统、汽车工业、国
防工业、高级计算器、家用电器等领域的应用日益广泛，并且正在逐步取代现有的多片微机
应用系统，单片机的潜力越来越被人们所重视。特别是当前用 CMOS 工艺制成的各种单片
机，由于其功耗低、适用的温度范围大、抗干扰能力强，能适应一些特殊的应用场合，这使
得单片机的应用范围进一步扩大，同时也促进了单片机技术进一步的发展。

自 1976 年 9 月 Intel 公司推出 MCS - 48 单片机以来，单片机就受到了广大用户的欢迎。
因此，很多公司都争相推出各自的单片机。例如，GI 公司推出了 PIC1650 系列单片机，
Rockwell 公司推出了与 6502 微处理器兼容的 R6500 系列单片机。它们都是 8 位机，片内有 8
位中央处理器（CPU）和并行 I/O 口、8 位定时器/计数器以及容量有限的存储器（RAM、
ROM），具有简单的中断功能。

1978 年，Motorola 公司推出了 M6800 系列单片机，Zilog 公司也相继推出了 Z8 系列单片
机。1980 年，Intel 公司在 MCS - 48 系列的基础上又推出了高性能的 MCS - 51 系列单片机，
这类单片机均带有串行 I/O 口，定时器/计数器为 16 位，片内存储容量（RAM、ROM）都
相应增大，并有优先级中断处理功能，它们是当时单片机应用的主流产品。

1982 年，Mostek 公司和 Intel 公司又先后推出了性能更高的 16 位单片机 MK68200 和
MCS - 96 系列，NS 公司和 NEC 公司也分别在原有 8 位单片机的基础上推出了 16 位单片机
HPC16040 和 μPD783 × × 系列。1987 年，Intel 公司宣布推出性能比 8096 高两倍的 CMOS 型

80C196，1988 年推出带 EPROM 的 87C196 单片机。由于 16 位单片机推出的时间较迟、价格昂贵、开发设备有限等多种原因，所以至今还未得到广泛应用。而 8 位单片机已能满足大部分应用的需要，因此，在推出 16 位单片机的同时，高性能的新型 8 位单片机也不断问世。例如，Motorola 公司推出了带 A - D 转换和多功能 I/O 的 68MC11 系列，Zilog 公司推出了带有 DMA 功能的 Super8，Intel 公司在 1987 年也推出了带 DMA 和 FIFO 的 UPI - 452 等。

目前，国际市场上 8 位、16 位的单片机系列已有很多，但目前在我国使用较多的系列是 Intel 公司的产品，其中又以 MCS - 51 系列单片机应用尤为广泛，几十年经久不衰，而且还在进一步地发展完善，价格也越来越低，性能越来越好。

4. 单片机的应用

由于单片机具有体积小、使用灵活、成本低、易于产品化、抗干扰能力强、可在各种恶劣环境下可靠地工作等特点，特别是它控制能力强，因此，单片机在工业控制、智能仪表、外设控制、家用电器、机器人、军事装置等方面得到了广泛的应用。

（1）智能仪表

单片机应用于各种仪器仪表的更新改造，实现仪表的数字化、智能化、多功能化、综合化及柔性化，并使长期以来关于测量仪表中的误差修正和线性化处理等难题迎刃而解。由单片机构成的智能仪表，集测量、处理、控制功能于一体，测量速度和测量精度得到提高，控制功能得到增强，同时简化了仪器仪表的结构，利于使用、维修和改进。

（2）工业实时控制

单片机应用于各种工业实时控制系统中，如炉温控制系统、火灾报警控制系统、化学成分的测量和控制等，单片机技术与测量技术、自动控制技术相结合，利用单片机作为控制器，发挥其数据处理和实时控制功能，提高系统的生产效率和产品的自动化程度。采用单片机作为机床数控系统的控制机，可以提高机床数控系统的可靠性，增强功能，降低控制机成本，并有可能改变数控控制机的结构模式。

（3）机电一体化

单片机促进了机电一体化的发展，利用单片机改造传统的机电产品，能够使产品体积减小、功能增强、结构简化，与传统的机械产品相结合，构成了自动化、智能化的机电一体化新产品。例如，在电传打字机的设计中，由于单片机的采用，从而取代了近千个机械部件。

（4）通信接口

在数据采集系统中，用单片机对模-数转换接口进行控制，不仅可以提高采集速度，而且还可以对数据进行预处理，如数字滤波、线性化处理及误差修正等，在通信接口中，采用单片机可以对数据进行编码、解码、分配管理以及接收/发送等工作。在一般计算机测控系统中，除打印机、键盘、磁盘驱动器、CRT 等通用外部设备接口外，还有许多外部通信、采集、多路分配管理以及驱动控制等接口，如果完全由主机进行管理，势必造成主机负担过重，会降低系统的运行速度，降低接口的管理水平。利用单片机进行通信接口的控制与管理，能够提高系统的运行速度，减少接口的通信密度，提高接口的管理水平。单片机在计算机网络和数字通信中具有非常广阔的应用前景。

（5）家用电器

目前，国内外各种家用电器已普遍采用 MCU 代替传统的控制电路，使用的 MCU 大多是小型廉价型的单片机。在这些单片机中集成了许多外设的接口，如键盘、显示器接口及 A - D 转换等功能单元，而不用并行扩展总线，故常利用这类单片机制作成单片机应用系统，例如洗衣机、电冰箱、微波炉、电饭锅、电视机及其他视频音像设备的控制器。目前单片机应用系统的主要发展趋势是模糊控制化，已形成了众多的模糊控制家电产品。

此外，单片机也成功地应用于玩具、游戏机、充电器、IC 卡、电子锁、电子秤、步进电动机、电子词典、照相机、电风扇和防盗报警器等日常生活用品中；在汽车的点火控制、变速控制、排气控制、节能控制、冷气控制以及防滑制动中也有很多应用。总之，单片机技术集计算机技术、电子技术、电气技术、微电子技术于一身，作为一种智能化的现代开发工具，从根本上改变了传统的控制系统设计思想和设计方法。随着现代电子技术的普及与发展，其应用领域无所不至，无论是工业部门、民用部门乃至事业部门，都对其有广泛应用。

5. 单片机的内部结构

MCS - 51 系列单片机内部集成了 CPU、RAM、ROM、定时器/计数器和多种功能的 I/O 口等，各功能部件由内部总线连接在一起。MCS - 51 系列单片机的内部逻辑结构如图 1-2 所示。

由图 1-2 可见，MCS - 51 系列单片机主要由以下几部分组成：CPU 系统、存储器系统、并行 I/O 口系统、其他功能单元。

（1）CPU 系统

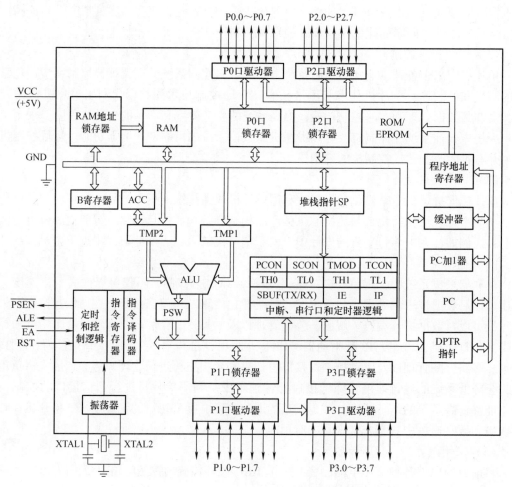

图 1-2　MCS - 51 系列单片机的内部逻辑结构

　　CPU 系统主要包含件：8 位 CPU（含布尔处理器）、一个片内振荡器及时钟电路、总线逻辑控制。

　　1）中央处理器（CPU）。CPU 是单片机的核心部件，由运算器和控制器组成，此外在 CPU 的运算器中还有一个专门进行位数据操作的位处理器。

　　8 位 MCS - 51 单片机的 CPU 内部有算术逻辑单元 ALU（Arithmetic Logic Unit）、累加器 A（8 位）、寄存器 B（8 位）、程序状态字寄存器 PSW（8 位）、程序计数器 PC（有时也称为指令指针，即 IP，16 位）、地址寄存器 AR（16 位）、数据寄存器 DR（8 位）、指令寄存器 IR（8 位）、指令译码器 ID、控制器等部件，其内部结构如图 1-3 所示。

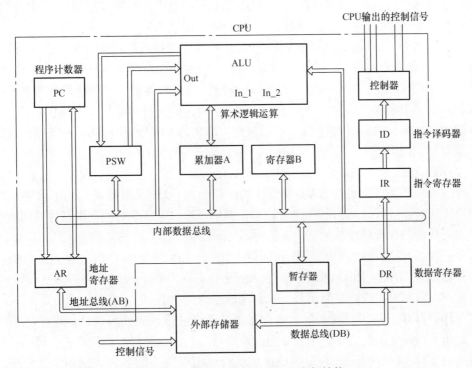

图 1-3　MCS - 51 单片机 CPU 的内部结构

　　① 运算器。运算器的功能主要是进行算术和逻辑运算，它由算术逻辑单元 ALU、累加器 A、寄存器 B、程序状态字寄存器 PSW 和两个暂存器组成。

　　ALU 是运算器的核心部件，基本的算术逻辑运算都在其中进行，包括加、减、乘、除、增量、十进制调整和比较等算术运算；"与""或""异或"等逻辑运算；左移位、右移位和半字节交换等操作；操作数暂存于累加器和相应寄存器，操作结果存于累加器，操作结果的状态保存于程序状态字寄存器（PSW）中。由于 ALU 内部没有寄存器，参加运算的操作数必须放在累加器 A 中。累加器 A 也用于存放运算结果。

　　例如，执行指令"ADD A，B"时，累加器 A 中的内容通过输入口 In_ 1 输入 ALU，寄存器 B 中的内容通过内部数据总线经输入口 In_ 2 输入 ALU，A + B 的结果通过 ALU 的输出口 Out 内部数据总线送回到累加器 A。

　　位处理器是单片机中运算器的重要组成部分，又称布尔处理器，专门用来处理位操作，为单片机实现控制功能提供了极大的方便。在硬件上，位处理器以程序状态字寄存器中的进位标志位 CY 为累加器，有以位为单位的 RAM 和 I/O 空间，具有相应的指令系统，可提供 17 条位操作指令，实现置位、复位、取反、等于 0 转、等于 1 转、位与位之间的传送、逻辑"与"、逻辑"或"等操作，操作结果送回进位标志位 CY。

② 控制器。控制器的功能是控制单片机各部件协调动作。它由程序计数器 PC、指令寄存器 IR、指令译码器 ID、定时与控制电路等组成。

控制器的工作过程就是执行程序的过程，而程序的执行是在控制器的控制下进行的。首先，从片内、外程序存储器 ROM 中取出指令，送入指令寄存器，然后通过指令寄存器再送入指令译码器，将指令代码译成一种或几种电平信号；该电平信号与系统时钟一起送入时序逻辑电路进行综合后，产生各种按一定时间节拍变化的电平或脉冲控制信号，用以控制系统各部件进行相应的操作，完成指令的执行。执行程序就是重复这一过程。

程序计数器 PC（Program Counter），用来存放即将要执行的指令地址，共 16 位，可对 64KB 的程序存储器直接寻址。执行指令时，PC 内容的低 8 位经 P0 口输出，高 8 位经 P2 口输出。也就是说，程序执行到哪里，程序计数器 PC 就指到哪里，它始终是跟随着程序的执行。我们知道，用户程序是存放在内部的 ROM 中的，要执行程序就要从 ROM 中一个字节一个字节地读出来，然后传送到 CPU 中去执行，那么 ROM 具体执行到哪一条呢？这就需要程序计数器 PC 来指示。

程序计数器 PC 具有自动加 1 的功能，即从存储器中读出一个字节的指令码后，PC 自动加 1（指向下一个存储单元），以实现程序的顺序执行。PC 没有地址，是不可寻址的，因此，用户无法对它进行读写，但在执行转移、调用、返回等指令时，能由硬件自动改变其内容，以改变程序的执行顺序。

指令寄存器 IR，用来存放即将执行的指令代码。CPU 执行指令的过程是这样的：首先从程序存储器（ROM）中读取指令代码送入到指令寄存器 IR，经指令译码器 ID 译码后再由定时与控制电路发出相应的控制信号，从而完成指令的功能。

指令译码器 ID，用于对送入指令寄存器中的指令进行译码，所谓译码就是把指令转变成执行此指令所需要的电信号。当指令送入译码器后，由译码器对该指令进行译码，根据译码器输出的信号，CPU 控制电路定时地产生执行该指令所需的各种控制信号，使单片机正确地执行程序所需要的各种操作。

地址寄存器 AR，用来存放将要寻址的外部存储器单元的地址信息，指令码所在存储单元的地址编码由程序计数器 PC 产生，而指令中操作数所在的存储单元地址码则由指令的操作数给定。从图 1-3 中可以看到，地址寄存器 AR 通过地址总线 AB 与外部存储器相连。

数据寄存器 DR，用于存放写入外部存储器或 I/O 端口的数据信息。数据寄存器对输出数据具有锁存功能。数据寄存器与外部数据总线 DB 直接相连。

程序状态字寄存器 PSW，用于记录运算过程中的状态，如是否溢出、进位等。

例如，累加器 A 的内容为 83H，执行指令：

ADD　A，#8AH；累加器 A 与立即数 8AH 相加，并把结果存放在 A 中。

指令执行后，得到相加的结果为 10DH，而累加器 A 只有 8 位，只能存放低 8 位，即 0DH，无法存放结果中的最高位 1。为此，在 CPU 内设置了一个进位标志位 Cy，当执行加法运算出现进位时，进位标志位 Cy 为 1。

2）时钟电路。时钟电路用于产生单片机工作所需要的时钟信号，而 CPU 的时序是指控制器在统一的时钟信号下，按照指令功能发出在时间上有一定次序的信号，控制和启动相关逻辑电路完成指令操作。

MCS-51 型单片机芯片内有时钟电路，但石英晶体和微调电容需要外接。时钟电路为单片机产生时钟脉冲序列，作为单片机工作的时间基准，典型的晶体振荡频率为 12MHz。

MCS-51 单片机的时钟信号可以由两种方式产生：一种是内部方式，利用芯片内部的振荡电路；另一种方式为外部方式。由于 MCS-51 单片机有 HMOS 型与 CHMOS 型，它们的时钟电路有一定的区别，这里仅介绍通常所用的 HMOS 型的时钟电路。

① 内部时钟方式。MCS-51 单片机内部有一个用于构成振荡器的高增益反相放大器，引脚 XTAL1 和 XTAL2 分别是此放大器的输入端和输出端。这个放大器与作为反馈元件的片外晶体或陶瓷谐振器一起构成一个自激振荡器。

虽然 MCS-51 单片机有内部振荡电路，但要形成时钟，必须外接元件，图 1-4a 是单片机内部时钟方式的电路。外接晶体以及电容 C1 和 C2 构成并联谐振电路，接在放大器的反馈回路中，外接电容的大小会影响振荡器频率的高低、振荡器的稳定性、起振的快速性和温度的稳定性，晶体可在 1.2~40MHz 之间任选，电容 C1 和 C2 的容量一般在 20~100pF 之间选择。若频率稳定性要求不高，可选用较为廉价的陶瓷谐振器，C1 和 C2 的典型值为 22pF。在设计印制电路板时，应采用温度稳定性能好的高频电容，晶体或陶瓷振荡器和电容应尽可能与单片机芯片的晶振引脚靠近安装，以减少寄生电容，提高系统稳定性和可靠性。

② 外部时钟方式。外部时钟方式是利用外部振荡器信号源，即时钟源直接接入 XTAL1 或 XTAL2。

在外部时钟方式中，通常 XTAL1 接地，XTAL2 接外部时钟，电路如图 1-4b 所示。由于 XTAL2 的逻辑电平不是 TTL 的，故建议外接一个 4.7~10kΩ 的上拉电阻。

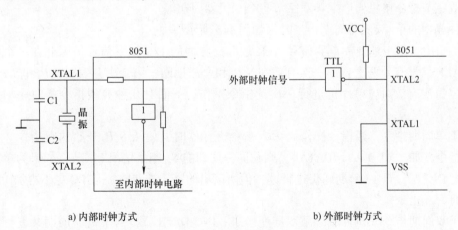

a) 内部时钟方式　　　　　　　　　　b) 外部时钟方式

图 1-4　MCS-51 单片机的时钟电路

③ CPU 时序。单片机的时序是指 CPU 在执行指令时所需控制信号的时间顺序。

时序信号是以时钟脉冲为基准产生的，分为两大类：一类用于芯片内部各功能部件的控制；另一类用于通过单片机的引脚对片外存储器或扩展的 I/O 端口进行控制，该部分时序信号对于分析、设计硬件电路至关重要。

MCS-51 型单片机的时序按由小到大的顺序依次为时钟周期、状态周期、机器周期、指令周期。

时钟周期 $P$：是 MCS-51 型单片机中最小的时序单位，是单片机内部的时钟振荡器 OSC 的振荡频率 $f_{OSC}$ 的倒数，又称振荡周期或拍。它随振荡电路的时钟脉冲频率 $f_{OSC}$ 的高低而改变。例如，若某单片机的时钟频率 $f_{OSC}=12MHz$，则时钟周期 $P=1/f_{OSC}=0.0833\mu s$。但是，一旦时钟电路确定，时钟周期就固定不变了。时钟脉冲是系统的基本工作脉冲，它控制着单片机的工作节奏，使单片机的每一步工作都统一到它的步调上来。

状态周期 $S$：是由连续的两个振荡脉冲组成的，即 1 个状态周期 = 2 个时钟周期。若某单片机的时钟频率 $f_{OSC}=12MHz$，则状态周期 $S=2/f_{OSC}=0.167\mu s$。通常把一个状态的前后两个振荡脉冲用 $P_1$、$P_2$ 来表示。

机器周期：是单片机完成某种基本操作所需要的时间。指令的执行速度与机器周期有关，机器周期越短的指令执行速度越快。一个机器周期由 6 个状态周期，即 12 个时钟周期组成，分别用 $S_1 \sim S_6$ 来表示。这样，一个机器周期中的 12 个时钟周期就可以表示为 $S_1P_1$、$S_1P_2$、$S_2P_1$、$S_2P_2$、$\cdots$、$S_6P_2$。当单片机系统的时钟频率 $f_{OSC}=12MHz$ 时，它的一个机器周期就等于 $12/f_{OSC}$，也就是 $1\mu s$。

指令周期：是执行一条指令所需要的时间，是时序中最大的时间单位。由于执行不同的指令所需要的时间长短不同，因此按照指令消耗的机器周期的多少来区别，MCS-51 型单片机的指令可分为单机器周期指令、双机器周期指令和四机器周期指令三种。而四机器周期指令只有乘法和除法共两条指令，由此不难看出，当系统时钟频率为 $12MHz$ 时，MCS-51 型单片机的多数指令只需要消耗 $1\mu s$ 或 $2\mu s$ 就可以执行完毕。

④ 典型指令时序。MCS-51 单片机的指令可分为单字节、双字节和三字节指令，它们的机器周期是不同的，可以分为以下几种情况：单字节指令单机器周期、单字节指令双机器周期、双字节指令单机器周期和双字节指令双机器周期等。

几种典型的单/双机器周期指令时序如图 1-5 所示。

图 1-5 中，由于地址锁存器信号 ALE 是振荡脉冲的 1/6 频率信号，因此在一个机器周期中，ALE 信号有效两次：第一次有效在 $S_1P_2$ 和 $S_2P_1$ 期间；第二次有效在 $S_4P_2$ 和 $S_5P_1$ 期间。ALE 信号每次有效对应单片机进行一次读指令操作。下面对几种典型指令的时序加以分析说明。

对于单周期指令，当指令操作码读入指令寄存器时，便从 $S_1P_2$ 开始执行指令。如果是双字节指令，如"ADD A，#DATA"，则在同一周期的 $S_4$ 上读入第二字节；如果为单字节指令，如"INC A"，则在 $S_4$ 期间仍进行读，但所读出的字节被忽略，且 PC 也不再加 1，在 $S_6P_2$ 结束时完成指令操作。

对于双周期指令（例如单字节双周期指令"INC DPTR"），两个机器周期共进行四次读指令操作，但后三次读操作全无效。

对于"MOVX"这类单字节双周期指令情况有所不同，因为此类指令是访问外部存储器的，在执行"MOVX"指令期间，外部 RAM 被访问，且选通时跳过两次取操作。

MCS-51 单片机总共有 111 条汇编指令，每一条指令对应的功能、字节数、周期数参见附录 A。

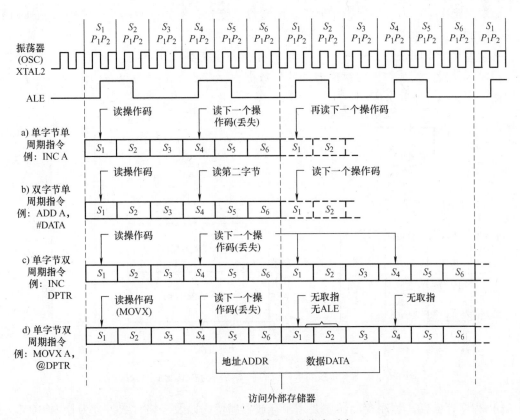

图 1-5 MCS-51 单片机的指令时序

3）总线逻辑控制。MCS-51 单片机属于总线型结构，通过地址/数据总线可以与存储器（RAM、EPROM）、并行 I/O 接口芯片相连接。

在访问外部存储器时，P2 口输出高 8 位地址，P0 口输出低 8 位地址，由 ALE（地址锁存允许）信号将 P0 口（地址/数据总线）上的低 8 位锁存到外部地址锁存器中，从而为 P0 口接收数据做准备。

在访问外部程序存储器（即执行 MOVC）指令时，PSEN（外部程序存储器选通）信号有效，在访问外部数据存储器（即执行 MOVX）指令时，由 P3 口自动产生读/写（$\overline{RD}$/$\overline{WR}$）信号，通过 P0 口对外部数据存储器单元进行读/写操作。

MCS-51 单片机所产生的地址、数据和控制信号与外部存储器、并行 I/O 接口芯片连接简单、方便。

（2）存储器系统

存储器系统主要包含的部件为：4KB 程序存储器（ROM/EPROM/FLASH，可外扩至64KB）、128B 数据存储器（RAM，可外扩至 64KB）、特殊功能寄存器 SFR。

存储器是用来存放程序和数据的部件，MCS-51 单片机的存储器结构与常见的微型计算机的配置方式不同，它把程序存储器和数据存储器分开，各有自己的寻址系统、控制信号和功能。

程序存储器用来存放程序和始终要保留的常数，例如，所编程序经汇编后的机器码。数据存储器通常用来存放程序运行中所需要的常数或变量，例如，做加法时的加数和被加数、做乘法时的乘数和被乘数、模–数转换时实时记录的数据等。

从物理地址空间来看，MCS–51 单片机有四个存储器地址空间，即片内程序存储器和片外程序存储器以及片内数据存储器和片外数据存储器。图 1-6 为 MCS–51 系列单片机的存储器结构和地址空间分配图。

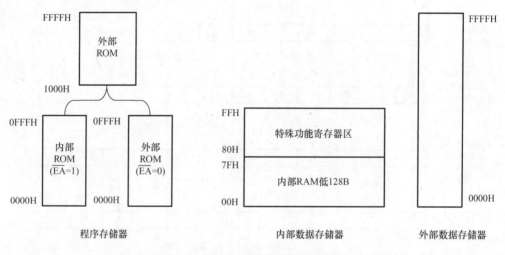

图 1-6　MCS–51 系列单片机的存储器结构和地址空间分配图

1）程序存储器。程序存储器主要用于存放程序代码以及表格常数，分为片内 ROM、片外 ROM 两大部分，两者统一编址。

单片机工作时程序是不可修改的，所以其存储单元只能读不能写，故程序存储器是只读存储器。程序存储器以程序计数器 PC 作为地址指针，通过 16 位地址总线，可寻址的地址空间为 64KB。

MCS–51 单片机的程序存储器有 16 位地址，可寻址的范围为 64KB，因此，片外程序存储器最大容量为 64KB，而片内程序存储器容量为 4KB。程序存储器在物理结构上分为片内程序存储器和片外程序存储器两个部分，在逻辑结构上（即用户使用角度）为一个部分，采用同一指令（MOVC 指令）进行数据读取，用外部引脚$\overline{EA}$进行区分低 4KB 空间使用的是片内程序存储器还是片外程序存储器。

对于 8031 单片机来说，它的内部没有 ROM，因此，在实际使用时，必须对它扩展外部程序存储器，最大可扩展空间地址为 64KB，此时 8031 单片机的$\overline{EA}$端必须接地，强制 CPU 从外部程序存储器读取程序。对于内部有 ROM 的 8051、8751、89C51、89S51 等单片机，正常运行时，$\overline{EA}$则需接高电平，使 CPU 先读内部程序存储器中的程序，当 PC 值超过内部 ROM 的容量时，才会转而读外部程序存储器中的程序。

单片机复位后 PC 的内容为 0000H，0000H 单元为复位入口地址，故单片机从 0000H 单元开始取指令执行程序。通常在 0000H ~ 0002H 单元中存放一条无条件转移指令，以便转移去执行指定的主程序。内部 ROM 的 0003H ~ 002AH 共有 40 个单元，固定用于 5 个中断源的中断地址区，具体内容见表 1-1。

表1-1　MCS-51系列单片机的中断入口地址表

| 中　断　源 | 入口地址 | 功能说明 |
| --- | --- | --- |
| 外部中断0 | 0003H | 外部中断0的中断服务程序入口地址 |
| 定时器T0中断 | 000BH | 定时器/计数器0溢出中断服务程序入口地址 |
| 外部中断1 | 0013H | 外部中断1的中断服务程序入口地址 |
| 定时器T1中断 | 001BH | 定时器/计数器1溢出中断服务程序入口地址 |
| 串行口中断 | 0023H | 串行口的中断服务程序入口地址 |

2）数据存储器。数据存储器用来存放运算的中间结果、标志位，以及数据的暂存和缓冲等。可以分为片内RAM与片外RAM两大部分，片外数据存储器RAM的地址空间为64KB。

① 片内数据存储器。MCS-51系列单片机内部共有256个数据存储器单元，地址为00H~FFH，按其功能划分为两部分，即低128单元（地址00H~7FH）和高128单元（地址80H~FFH）。其中低128单元是供用户使用的数据存储单元，高128单元为特殊功能寄存器提供的特殊功能寄存器区。

片内数据存储器的低128单元按照功能不同，可分为工作寄存器区、位寻址区、用户RAM区三个区域。

工作寄存器区（00H~1FH）：占内部RAM的前32个单元，地址为00H~1FH，共分4组（区），每组有8个寄存器，组号依次为0、1、2、3。每个寄存器都是8位，在组内按R0~R7编号，用于存放操作数及中间结果等。由于它们的功能及作用预先不做规定，故称其为工作寄存器，工作寄存器与RAM地址的对应关系见表1-2。

表1-2　工作寄存器与RAM地址的对照表

| 0 区 | | 1 区 | | 2 区 | | 3 区 | |
| --- | --- | --- | --- | --- | --- | --- | --- |
| 地址 | 寄存器 | 地址 | 寄存器 | 地址 | 寄存器 | 地址 | 寄存器 |
| 00H | R0 | 08H | R0 | 10H | R0 | 18H | R0 |
| 01H | R1 | 09H | R1 | 11H | R1 | 19H | R1 |
| 02H | R2 | 0AH | R2 | 12H | R2 | 1AH | R2 |
| 03H | R3 | 0BH | R3 | 13H | R3 | 1BH | R3 |
| 04H | R4 | 0CH | R4 | 14H | R4 | 1CH | R4 |
| 05H | R5 | 0DH | R5 | 15H | R5 | 1DH | R5 |
| 06H | R6 | 0EH | R6 | 16H | R6 | 1EH | R6 |
| 07H | R7 | 0FH | R7 | 17H | R7 | 1FH | R7 |

在任一时刻，CPU只使用4组工作寄存器中的一组，正在使用的这些寄存器称为当前寄存器，当前程序使用的工作寄存器区由程序状态字寄存器PSW中的RS0和RS1两位组合来确定，RS0和RS1的状态与工作寄存器区的对应关系见表1-3。因为RS0和RS1分别对应PSW的D3和D4位，所以CPU通过对PSW中的D3、D4位内容的修改，就能任选一个工作寄存器区。

表1-3 工作寄存器区的选择

| RS1 | RS0 | 当前使用的工作寄存器区（R0 ~ R7） |
|---|---|---|
| 0 | 0 | 0 区 （地址为 00H ~ 07H） |
| 0 | 1 | 1 区 （地址为 08H ~ 0FH） |
| 1 | 0 | 2 区 （地址为 10H ~ 17H） |
| 1 | 1 | 3 区 （地址为 18H ~ 0FH） |

例如：

CLR    PSW. 3

CLR    PSW. 4        ；选定工作寄存器第 0 区

SETB    PSW. 3

CLR    PSW. 4        ；选定工作寄存器第 1 区

CLR    PSW. 3

SETB    PSW. 4        ；选定工作寄存器第 2 区

SETB    PSW. 3

SETB    PSW. 4        ；选定工作寄存器第 3 区

如果不加设定，则选定第 0 区，也叫默认值，这个特点使 MCS - 51 单片机具有快速现场保护功能。应特别注意的是：如果不加设定，在同一段程序中，R0 ~ R7 只能用一次，若用两次程序会出错。

如果用户程序不需要 4 个工作寄存器区，则不用的工作寄存器单元可以作为一般的 RAM 使用。

工作寄存器区主要用来存放操作数和运算的中间结果，利用工作寄存器为 CPU 提供数据，能够提高程序的运行速度。MCS - 51 系列单片机为内部 RAM 提供了丰富的操作指令，执行速度快。工作寄存器单元，除了可以以寄存器的形式使用（即以寄存器符号 R0 ~ R7 表示）外，还可以以存储单元的形式表示（以单元地址 00H ~ 1FH 表示）。

位寻址区（20H ~ 2FH）：内部 RAM 的 20H ~ 2FH 单元为位寻址区，有 16 个单元，共有 128 位，该区的每一位都有一个位地址，依次编址 00H ~ 7FH。位寻址区的 16 个单元可以进行字节操作，也可以对单元中的某一位单独进行位操作，其中所有位均可以直接寻址，见表1-4。

表1-4 内部 RAM 位寻址区的位地址映像表

| 单元地址 | 位 地 址 | | | | | | | |
|---|---|---|---|---|---|---|---|---|
| 2FH | 7FH | 7EH | 7DH | 7CH | 7BH | 7AH | 79H | 78H |
| 2EH | 77H | 76H | 75H | 74H | 73H | 72H | 71H | 70H |
| 2DH | 6FH | 6EH | 6DH | 6CH | 6BH | 6AH | 69H | 68H |
| 2CH | 67H | 66H | 65H | 64H | 63H | 62H | 61H | 60H |
| 2BH | 5FH | 5EH | 5DH | 5CH | 5BH | 5AH | 59H | 58H |
| 2AH | 57H | 56H | 55H | 54H | 53H | 52H | 51H | 50H |
| 29H | 4FH | 4EH | 4DH | 4CH | 4BH | 4AH | 49H | 48H |

（续）

| 单元地址 | 位 地 址 | | | | | | | |
|---|---|---|---|---|---|---|---|---|
| 28H | 47H | 46H | 45H | 44H | 43H | 42H | 41H | 40H |
| 27H | 3FH | 3EH | 3DH | 3CH | 3BH | 3AH | 39H | 38H |
| 26H | 37H | 36H | 35H | 34H | 33H | 32H | 31H | 30H |
| 25H | 2FH | 2EH | 2DH | 2CH | 2BH | 2AH | 29H | 28H |
| 24H | 27H | 26H | 25H | 24H | 23H | 22H | 21H | 20H |
| 23H | 1FH | 1EH | 1DH | 1CH | 1BH | 1AH | 19H | 18H |
| 22H | 17H | 16H | 15H | 14H | 13H | 12H | 11H | 10H |
| 21H | 0FH | 0EH | 0DH | 0CH | 0BH | 0AH | 09H | 08H |
| 20H | 07H | 06H | 05H | 04H | 03H | 02H | 01H | 00H |

每位的地址有以下两种表示形式：

一种是以位地址的形式表示的，例如，位寻址区最开始的地址是00H，第2位、第3位的地址分别是01H、02H，最后两位的地址分别是7EH和7FH。另一种是以存储单元地址加位地址的形式表示的，例如，开始的第2位表示为20H.1，倒数第2位表示为2FH.6。

位寻址区的每一位都可以视作软件触发器，由程序直接进行位处理。通常把各种程序状态标志、位控制变量设在位寻址区内。同样，位寻址区的RAM单元也可以作为一般的数据缓冲器使用。

用户RAM区（30H~7FH）：内部RAM中地址为30H~7FH的80个单元是用户RAM区，也是数据缓冲区，它们只能以存储单元的形式来使用，没有任何规定或限制，但通常用作堆栈区以及存放用户数据。

片内数据存储器的高128单元是特殊功能寄存器区。特殊功能寄存器一般用于存放相应功能部件的控制命令、状态和数据。因为对这些寄存器的功能已做了专门的规定，故称之为特殊功能寄存器（Special Function Register），简称SFR。它们离散地分布在80H~FFH的RAM空间中。8051的特殊功能寄存器除了程序计数器PC以外共有21个，可以进行位寻址的特殊功能寄存器以及可位寻址特殊功能寄存器的位地址映像分别见表1-5和表1-6。

表1-5 MCS-51单片机的特殊功能寄存器一览表

| 标 识 符 | 寄存器名称 | 地 址 | 是否可位寻址 |
|---|---|---|---|
| B | 寄存器 | F0H | √ |
| A | 累加器 | E0H | √ |
| PSW | 程序状态字寄存器 | D0H | √ |
| SP | 堆栈指针 | 81H | |
| DPH | 数据地址指针（高位字节） | 83H | |
| DPL | 数据地址指针（低位字节） | 82H | |
| P0 | P0 口 | 80H | √ |
| P1 | P1 口 | 90H | √ |
| P2 | P2 口 | A0H | √ |

（续）

| 标 识 符 | 寄存器名称 | 地　址 | 是否可位寻址 |
|---|---|---|---|
| P3 | P3 口 | B0H | √ |
| IP | 中断优先级控制 | B8H | √ |
| IE | 允许中断控制 | A8H | √ |
| TMOD | 定时器/计数器方式控制 | 89H | |
| TCON | 定时器/计数器控制 | 88H | √ |
| TH0 | 定时器/计数器 0（高位字节） | 8CH | |
| TL0 | 定时器/计数器 0（低位字节） | 8AH | |
| TH1 | 定时器/计数器 1（高位字节） | 8DH | |
| TL1 | 定时器/计数器 1（低位字节） | 8BH | |
| SCON | 串行口控制 | 98H | √ |
| SBUF | 串行数据缓冲器 | 99H | |
| PCON | 电源控制 | 97H | |

表 1-6　MCS－51 单片机的特殊功能寄存器的位地址映像表

| SFR 名称 | 字 节 地 址 | 位 地 址 | | | | | | | |
|---|---|---|---|---|---|---|---|---|---|
| B | F0H | F7H | F6H | F5H | F4H | F3H | F2H | F1H | F0H |
| A | E0H | E7H | E6H | E5H | E4H | E3H | E2H | E1H | E0H |
| PSW | D0H | D7H | D6H | D5H | D4H | D3H | D2H | D1H | D0H |
| IP | B8H | | | | BCH | BBH | BAH | B9H | B8H |
| P3 | B0H | B7H | B6H | B5H | B4H | B3H | B2H | B1H | B0H |
| IE | A8H | AFH | | | ACH | ABH | AAH | A9H | A8H |
| P2 | A0H | A7H | A6H | A5H | A4H | A3H | A2H | A1H | A0H |
| SCON | 98H | 9FH | 9EH | 9DH | 9CH | 9BH | 9AH | 99H | 98H |
| P1 | 90H | 97H | 96H | 95H | 94H | 93H | 92H | 91H | 90H |
| TCON | 88H | 8FH | 8EH | 8DH | 8CH | 8BH | 8AH | 89H | 88H |
| P0 | 80H | 87H | 86H | 85H | 84H | 83H | 82H | 81H | 80H |

下面介绍常用的几个特殊功能寄存器。

累加器 A（Accumulator）：是一个 8 位寄存器，是程序中最常用的特殊功能寄存器，其主要功能为存放操作数以及存放运算的中间结果。单片机中大部分单操作数指令的操作数取自累加器，多操作数指令中的一个操作数也取自累加器。加、减、乘、除算术运算指令的运算结果都存放于累加器 A 或 B 寄存器中。指令系统中用 A 作为累加器的助记符。

寄存器 B：是一个 8 位寄存器，主要用于乘、除法的运算。乘法指令中，B 为乘数，乘积的高位也存于 B 中。除法指令中，B 为除数，并将余数存于 B 中。在其他指令中，寄存器 B 也可以作为一般数据寄存器来使用。

程序状态字寄存器 PSW（Program Status Word）：是一个 8 位寄存器，用于存放指令执行时的状态信息。其中有些位的状态是根据指令执行结果由硬件自动设置。PSW 的状态可以用专门的指令进行测试，也可以用指令读出。一些条件转移指令将根据 PSW 中有关位的状态来进行条件转移，其各位定义见表 1-7。

表 1-7 程序状态字寄存器

| 位序 | PSW.7 | PSW.6 | PSW.5 | PSW.4 | PSW.3 | PSW.2 | PSW.1 | PSW.0 |
| --- | --- | --- | --- | --- | --- | --- | --- | --- |
| 位标志 | CY | AC | F0 | RS1 | RS0 | OV | — | P |

CY（PSW.7）——进位标志。在执行某些算术和逻辑指令时，可以被硬件或软件置位或清零。在布尔处理器中它被认为是位累加器，其重要性相当于一般中央处理器中的累加器 A。

AC（PSW.6）——辅助进位标志。当进行加法或减法操作，而产生由低 4 位数向高 4 位数进位或借位时，AC 将被硬件置位，否则就被清零。AC 用于 BCD 码调整。

F0（PSW.5）——用户标志位。F0 是用户定义的一个状态标记，用软件来使它置位或清零。该标志位状态一经设定，可由软件测试 F0，以控制程序的流向。

RS1、RS0（PSW.4、PSW.3）——寄存器区选择控制位。可以用软件来置位或清零，以确定工作寄存器区。RS1、RS0 与寄存器区的对应关系见表 1-3。

OV（PSW.2）——溢出标志。当执行算术指令时，由硬件置位或清零，以指示溢出状态。当执行加法指令"ADD"时，位 6 向位 7 有进位而位 7 不向 CY 进位时，或位 6 不向位 7 进位而位 7 向 CY 进位时，溢出标志 OV 置位，否则清零。

溢出标志常用于"ADD"和"SUBB"指令对带符号数作加减运算时，OV = 1 表示加减运算的结果超出了目的寄存器 A 所能表示的带符号数的范围（ -128 ~ +127）。

在 MCS - 51 单片机中，无符号数乘法指令 MUL 的执行结果也会影响溢出标志。若置于累加器 A 和寄存器 B 的两个数的乘积超过 255 时，OV = 1，否则 OV = 0。此积的高 8 位放在 B 内，低 8 位放在 A 内。因此，OV = 0 意味着只要从 A 中取得乘积即可，否则要从 B 与 A 寄存器中取得乘积。

除法指令 DIV 也会影响溢出标志。当除数为 0 时，OV = 1，否则 OV = 0。

PSW.1 位——未定义。

P（PSW.0）——奇偶标志。每个指令周期都由硬件来置位或清"0"，以表示累加器 A 中 1 的位数的奇、偶数。若 1 的位数为奇数，则 P 置"1"，否则 P 清"0"。P 标志位对串行通信中的数据传输有重要的意义，在串行通信中常用奇偶校验的办法来检验数据传输的可靠性。在发送端可根据 P 的值对数据的奇偶置位或清"0"。通信协议中规定采用奇校验的办法，则 P = 0 时，应对数据（假定由 A 取得）的奇偶位置位，否则就清"0"。

数据指针 DPTR（Data Pointer）：是一个 16 位的特殊功能寄存器，但它既可以按 16 位寄存器使用，也可以作为两个 8 位寄存器使用，其高位字节寄存器用 DPH 表示，低位字节寄存器用 DPL 来表示。

DPTR 主要用来存放 16 位地址，当对 64KB 外部存储器寻址时，可作为间址寄存器用。可以用下列两条传送指令实现："MOVX A，@ DPTR"和"MOVX @ DPTR，A"。在访问程序存储器时，DPTR 可用作基址寄存器，有一条采用基址 + 变址寻址方式的指令"MOVC A，@ A + DPTR"，常用于读取存放在程序存储器内的表格常数。

堆栈指针寄存器 SP（Stack Pointer）：是一个 8 位的特殊功能寄存器，主要用来存放堆栈的栈顶地址。

堆栈是一种数据结构，是一片按照"先进先出"原则工作的连续存储区域。这片存储区域的一端固定，称为栈底；另一端激活，称为栈顶，并用堆栈指针寄存器 SP 存放栈顶地址，SP 也称为堆栈指针，总是指向栈顶。堆栈位于内部 RAM 中地址为 30H～7FH 的区域内。数据写入堆栈称为入栈或压栈，对应指令的助记符为 PUSH；数据从堆栈中读出称为出栈或弹出，对应指令的助记符为 POP。堆栈的操作只能从栈顶进行，在堆栈为空时，SP 指向栈底，即栈顶与栈底重合。当把数据存入堆栈时，SP 往上跳，从堆栈取出数据时，SP 往下跳，堆栈操作遵循"先进先出"的原则，即最先压入堆栈的数据最后才能弹出。

进栈操作：先 SP 加 1，后写入数据。

出栈操作：先读出数据，后 SP 减 1。

系统复位后，SP 的初始化值为 07H，使堆栈实际上从 08H 开始，而堆栈一般是在内部 RAM 的 30H～7FH 单元中开辟，所以，程序设计时应注意把 SP 的初始值置为 30H 以后。SP 的内容一确定，堆栈的位置就确定下来。由于 SP 可以初始化不同值，因此，堆栈的位置是浮动的。

除用软件直接改变 SP 值外，当执行"PUSH"或"POP"指令以及各种子程序调用、中断响应、子程序返回（RET）和中断返回（RETI）等指令时，SP 值将自动调整。

堆栈类型可以分为向上生长型和向下生长型两种。向上生长型是指随着数据的不断入栈，栈顶地址不断增大；反之，随着数据的不断出栈，栈顶地址不断减小。所谓向下生长型是指随着数据的不断入栈，栈顶地址不断减小；反之，随着数据的不断出栈，栈顶地址不断增大，如图 1-7 所示。

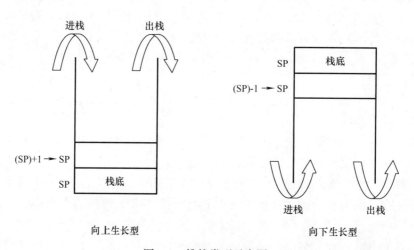

图 1-7　堆栈类型示意图

堆栈主要用于存放调用子程序或中断时的返回地址或断点地址，另外在中断服务时用于保护 CPU 现场。

I/O 端口寄存器 P0～P3：特殊功能寄存器 P0、P1、P2 和 P3 分别是 I/O 端口 P0～P3 的锁存器。P0～P3 作为特殊功能寄存器还可用直接寻址方式参与其他操作指令。

串行数据缓冲器 SBUF：用于存放欲发送或已接收的数据，它实际上由两个独立的寄存器组成，一个是发送缓冲器，另一个是接收缓冲器。当要发送的数据传送到 SBUF 时，进入的是发送缓冲器；当要从 SBUF 读数据时，则取自接收缓冲器，取走的是刚接收到的数据。

定时器/计数器：MCS - 51 系列单片机中有两个 16 位定时器/计数器 T0 和 T1。它们各由两个独立的 8 位寄存器组成，共有 4 个独立的寄存器：TH0、TL0、TH1、TL1。可以对这 4 个寄存器寻址，但不能把 T0、T1 当作一个 16 位寄存器来寻址。

其他控制寄存器：IP、IE、TMOD、TCON、SCON、PCON。这几个寄存器分别为中断优先级控制寄存器、中断允许寄存器、定时器工作方式寄存器、定时器控制寄存器、串行口控制寄存器、电源管理寄存器。其对应功能后面章节详细介绍。

② 片外数据存储器。MCS - 51 单片机具有扩展 64KB 的外部数据存储器和 I/O 口的能力，这对于很多领域来说已经足够用了，片外数据存储器 RAM 一般由静态 RAM 芯片组成，地址范围为 0000H ~ FFFFH，共 64KB 空间。

由图 1-6 可知，片内 RAM 和片外 RAM 的低 256B 的地址相同，但它们却是两个不同的地址空间。区分这两个地址空间的方法是 CPU 通过不同的指令来区分，"MOV" 是对内部 RAM 进行读写的操作指令；而 "MOVX" 是对外部 RAM 进行读写的操作指令，采用间址寻址方式，R0、R1 和 DPTR 都可以作为间址寄存器。

6. 单片机的主要生产厂家产品

1）Atmel 公司的 AT89 系列（MCS - 51 内核）。

2）STC 公司的 STC89 系列。

3）Philips 公司的 87、80 系列（MCS - 51 内核）。

4）Motorola 公司的 68HCXX 系列。

5）Intel 公司的 MCS - 51 系列、MCS - 96 系列。

6）Microchip 公司的 PIC 系列。

7）Siemens 公司的 SAB80 系列（MCS - 51 内核）。

8）NEC 公司的 78 系列。

9）Zilog 公司的 Z86 系列。

在大部分的工控或测控设备中，8 位的 MCS - 51 系列单片机能够满足大部分的控制要求，加之 MCS - 51 系列单片机的价格优势，使 MCS - 51 系列单片机成为单片机应用的主流。MCS - 51 系列单片机包括许多类型，它们的内部结构基本相同。AT89S52 是目前应用比较广泛的 MCS - 51 系列兼容单片机中的代表产品。

7. AT89S52 单片机的主要性能特点

1）与 MCS - 51 系列单片机产品兼容。

2）8KB 在系统可编程 FLASH 存储器。

3）1000 次擦写周期。

4）全静态操作：0 ~ 33Hz。

5）三级加密程序存储器。

6）32 个可编程 I/O 口线。

7）3 个 16 位定时器/计数器。

8）8 个中断源。

9）全双工 UART 串行通道。

10）低功耗空闲和掉电模式。

11）掉电后中断可唤醒。

12）看门狗定时器。

13）双数据指针。

14）掉电标识符。

AT89S52 单片机是一种低功耗、高性能 CMOS 8 位微控制器，具有 8KB 在系统可编程 FLASH 存储器。它采用 Atmel 公司的高密度非易失性存储器技术制造，与工业 80C51 产品指令和引脚完全兼容。片上 FLASH 允许程序存储器在系统可编程，也适于常规编程器。在单芯片上拥有灵活的 8 位 CPU 和在线可编程 FLASH，使得 AT89S52 单片机能为众多嵌入式控制应用系统提供高灵活、超有效的解决方案。另外，AT89S52 单片机可降至 0Hz 静态逻辑操作，支持两种软件可选择节电模式，即空闲模式和掉电模式。当 PCON 的第 0 位（IDL）置 1 时，进入空闲模式，空闲模式下，CPU 停止工作，允许 RAM、定时器/计数器、串口、中断继续工作；当 PCON 的第 1 位（PD）置 1 时，进入掉电模式，掉电保护方式下，RAM 内容被保存，振荡器被冻结，单片机一切工作停止，直到下一个中断或硬件复位为止。

8. MCS - 51 系列单片机的引脚

MCS - 51 系列单片机引脚图如图 1-8 所示。

MCS - 51 单片机一般采用 40 引脚的双列直插封装方式。该 40 个引脚按功能可以分为四类：电源类引脚 2 个、时钟类引脚 2 个、并行 I/O 类引脚 32 个、控制类引脚 4 个。下面对各个引脚进行介绍。

（1）电源类引脚

VSS——20 号引脚，VSS 为电源接地端。

VCC——40 号引脚，VCC 是芯片电源的输入端，接 +5V 电源。

（2）时钟类引脚

XTAL1——19 号引脚，内部振荡电路反相放大器的输入端，是外接晶体的一个引脚。当采用外部振荡器时，此引脚接地。

XTAL2——18 号引脚，内部振荡电路反相放大器的输出端，是外接晶体的另一端。当采用外部振荡器时，此引脚接外部振荡源。

（3）控制类引脚

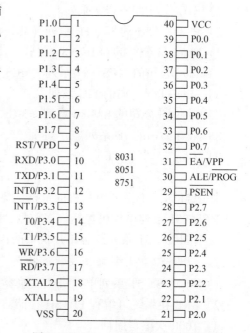

图 1-8 MCS - 51 系列单片机引脚图

ALE/$\overline{PROG}$——30 号引脚，正常操作时为 ALE 功能（允许地址锁存），可以把地址的低字节锁存到外部锁存器，ALE 引脚以不变的频率（振荡器频率的 1/6）周期性地发出正脉冲信号，因此，它可用作对外输出的时钟，或用于定时目的。但要注意，每当访问外部数据存储器时，将跳过一个 ALE 脉冲，ALE 端可以驱动 8 个 LSTTL 电路。对于 EPROM 型单片机，在 EPROM 编程期间，此引脚接收编程脉冲（$\overline{PROG}$功能）。

$\overline{PSEN}$——29 号引脚，外部程序存储器读选通信号输出端，在从外部程序存取指令（或数据）期间，$\overline{\text{PSEN}}$在每个机器周期内两次有效。$\overline{\text{PSEN}}$同样可以驱动 8 个 LSTTL 电路。

$\overline{\text{EA}}$/VPP——31 号引脚，$\overline{\text{EA}}$/VPP 为内部程序存储器和外部程序存储器的选择端。当$\overline{\text{EA}}$/VPP 为高电平时，访问内部程序存储器；当$\overline{\text{EA}}$/VPP 为低电平时，则访问外部程序存储器。对于 EPROM 型单片机，在 EPROM 编程期间，此引脚加上 21V 的 EPROM 编程电源（VPP）。

RST/VPD——9 号引脚，当振荡器运行时，在此引脚上出现两个机器周期以上的高电平（由低到高跳变），将使单片机复位；在 VCC 掉电期间，此引脚可接上备用电源，由 VPD 向内部提供备用电源，以保持内部 RAM 中的数据。

复位是单片机的初始化操作，其目的是使 CPU 及各个寄存器处于一个确定的状态，把 PC 初始化为 0000H，使单片机从 0000H 单元开始执行程序。系统正常上电可以复位，另外，当系统程序运行出错或操作错误使系统处于死锁状态时，也需要复位恢复系统正常工作状态。

除 PC 外，复位操作后对某些特殊功能寄存器有影响，见表 1-8。

表 1-8　单片机复位后的特殊功能寄存器初态

| 特殊功能寄存器 | 初　　态 | 特殊功能寄存器 | 初　　态 |
| --- | --- | --- | --- |
| ACC | 00H | TMOD | 00H |
| B | 00H | TCON | 00H |
| PSW | 00H | TH0 | 00H |
| SP | 07H | TL0 | 00H |
| DPL | 00H | TH1 | 00H |
| DPH | 00H | TL1 | 00H |
| P0 ~ P3 | 0FFH | SCON | 00H |
| IP | × × ×00000B | SBUF | 不定 |
| IE | 0 × ×00000B | PCON | 0 × × × × × × ×B |

复位方式主要有以下两种：

1）上电自动复位方式。该方式是在单片机接通电源后，对复位电路的电容充电来实现的，电路如图 1-9a 所示。

2）手动复位方式。该方式分为按键电平复位和按键脉冲复位。按键电平复位相当于是 RST 端通过电阻与 VCC 电源接通而实现的，电路如图 1-9b 所示。按键脉冲复位则是用 RC 微分电路产生的正脉冲来实现的，电路如图 1-9c 所示。

（4）并行 I/O 类引脚

8051 型单片机有 32 条 I/O 线，构成 4 个 8 位双向端口，其基本功能如下：

P0 口（P0.0 ~ P0.7）——38 ~ 32 号引脚，是一个 8 位漏极开路型双向 I/O 口，在访问外部存储器时，它是分时传送的低字节地址和数据总线，P0 口能以吸收电流的方式驱动 8 个 LSTTL 负载。

P1 口（P1.0 ~ P1.7）——1 ~ 8 号引脚，是一个带有内部提升电阻的 8 位准双向 I/O 口，能驱动（吸收或输出电流）4 个 LSTTL 负载。

P2 口（P2.0 ~ P2.7）——21 ~ 28 号引脚，是一个带有内部提升电阻的 8 位准双向 I/O

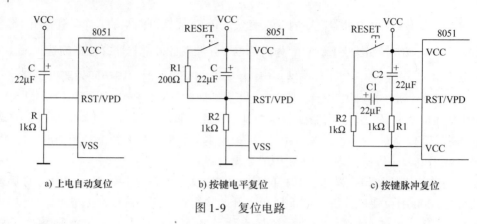

| a) 上电自动复位 | b) 按键电平复位 | c) 按键脉冲复位 |

图 1-9　复位电路

口，在访问外部存储器时，它输出高 8 位地址。P2 口可以驱动（吸收或输出电流）4 个 LSTTL 负载。

P3 口（P3.0～P3.7）——10～17 号引脚，是一个带有内部提升电阻的 8 位准双向 I/O 口，能驱动（吸收或输出电流）4 个 LSTTL 负载。P3 口还用于第二功能，见表 1-9。

表 1-9　P3 口的第二功能

| 端 口 功 能 | 第 二 功 能 |
| --- | --- |
| P3.0 | RXD——串行输入（数据接收）口 |
| P3.1 | TXD——串行输出（数据发送）口 |
| P3.2 | $\overline{\text{INT0}}$——外部中断 0 输入线 |
| P3.3 | $\overline{\text{INT1}}$——外部中断 1 输入线 |
| P3.4 | T0——定时器 0 外部输入 |
| P3.5 | T1——定时器 1 外部输入 |
| P3.6 | $\overline{\text{WR}}$——外部数据存储器写选通信号输出 |
| P3.7 | $\overline{\text{RD}}$——外部数据存储器读选通信号输入 |

MCS-51 单片机设有 4 个 8 位双向 I/O 端口（P0、P1、P2、P3），共 32 条可编程的 I/O 端口线，每一条 I/O 线都能独立地用作输入或输出。P0 口为三态双向口，能带 8 个 LSTTL 电路。P1、P2、P3 口为准双向口（在用作输入线时，口锁存器必须先写入"1"，故称为准双向口），负载能力为 4 个 LSTTL 电路。

1）P0 口的结构。P0 口的位结构图如图 1-10 所示，包括 1 个输出锁存器、2 个三态缓冲器、1 个输出驱动电路和 1 个输出控制端。输出驱动电路由一对场效应晶体管组成，其工作状态受输出控制端的控制，输出控制端由 1 个"与"门、1 个反相器和 1 个转换开关 MUX 组成。对 8051/8751 单片机来说，P0 口既可作为输入/输出口，又可作为地址/数据总线使用。

① P0 口作为地址/数据复用总线使用。若从 P0 输出地址或数据信息，此时控制端应为高电平，转换开关 MUX 将反相器输出端与输出级场效应晶体管 VF2 接通，同时"与"门开锁，内部总线上的地址或数据信号通过"与"门去驱动 VF1 管，又通过反相器去驱动 VF2 管，这时内部总线上的地址或数据信号就传送到 P0 口的引脚上。工作时，低 8 位地址与数据线分时使用 P0 口。低 8 位地址由 ALE 信号的负跳变使它锁存到外部地址锁存器中，而高 8 位地址由 P2 口输出。

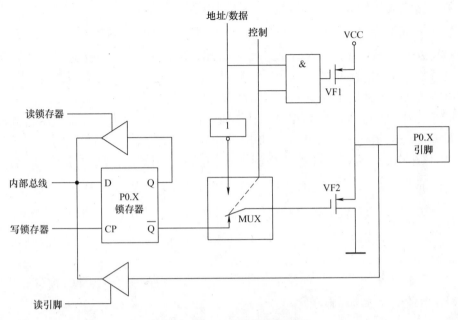

图1-10　P0口的位结构图

② P0口作为通用I/O端口使用。对于有内部ROM的单片机，P0口也可以用作通用I/O端口，此时控制端为低电平，转换开关把输出级与锁存器的Q端接通，同时因"与"门输出为低电平，输出级VF1管处于截止状态，输出级为漏极开路电路，在驱动NMOS电路时应外接上拉电阻；作为输入口使用时，应先将锁存器写"1"，这时输出级两个场效应晶体管均截止，可作高阻抗输入，通过三态输入缓冲器读取引脚信号，从而完成输入操作。

③ P0口线上的"读—修改—写"功能。图1-10中的一个三态缓冲器是为了读取锁存器Q端的数据。Q端与引脚的数据是一致的。结构上这样安排是为了满足"读—修改—写"指令的需要。这类指令的特点是：先读口锁存器，随之可能对读入的数据进行修改，再写入到端口上。例如"ANL P0，A""ORL P0，A""XRL P0，A"等。

这类指令同样适用于P1～P3口，其操作是：先将口字节的全部8位数读入，再通过指令修改某些位，然后将新的数据写回到口锁存器中。

2）P1口的结构。P1口的位结构图如图1-11所示，这是一个有内部上拉电阻的准双向口，其每一位口线都能独立用作输入线或输出线。

① P1口用作输入端口。如果P1口用作输入端口，即 $Q = 0$，

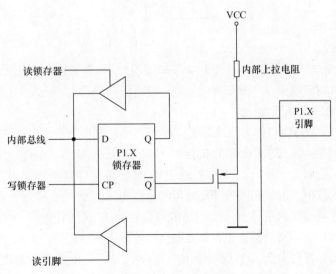

图1-11　P1口的位结构图

$\overline{Q}=1$，则场效应晶体管导通，引脚被直接连到电源端地 GND 上，即使引脚输入的是高电平，被直接拉低为"0"，所以，在将数据输入 P1 端口之前，先要通过内部总线向锁存器写"1"，这样 $\overline{Q}=0$，场效应晶体管截止，P1 端口输入的"1"才可以送到三态缓冲器的输入端，此时再给三态门的读引脚送一个读控制信号，引脚上的"1"就可以通过三态缓冲器送到内部总线。具有这种操作特点的输入/输出端口，一般称之为准双向 I/O 口。P1 口作为输入时，可被任何 TTL 电路和 MOS 电路驱动，由于具有内部上拉电阻，也可以直接被集电极开路和漏极开路电路驱动，不必外加上拉电阻。

② P1 口用作输出端口。如果 P1 口用作输出端口，应给锁存器的写锁存 CP 端输入写脉冲信号，内部总线送来的数据就可以通过 D 端进入锁存器并从 Q 和 $\overline{Q}$ 端输出。如果 D 端输入"1"，则 $\overline{Q}=0$，场效应晶体管截止，由于上拉电阻的作用，在 P1. X 引脚输出高电平"1"；反之，如果 D 端输入"0"，则 $\overline{Q}=1$，场效应晶体管导通，P1. X 引脚连到地线上，从而在引脚输出"0"。P1 口可驱动 4 个 LSTTL 门电路。

3）P2 口的结构。P2 口的位结构如图 1-12 所示，引脚上拉电阻同 P1 口。在结构上，P2 口比 P1 口多一个输出控制部分。

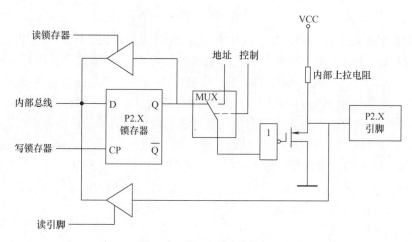

图 1-12　P2 口的位结构图

① P2 口作为通用 I/O 端口使用。当 P2 口作为通用 I/O 端口使用时，是一个准双向口，此时转换开关 MUX 倒向左边，输出级与锁存器接通，引脚可接 I/O 设备，其输入/输出操作与 P1 口完全相同。

② P2 口作为地址总线口使用。当系统中接有外部存储器时，P2 口用于输出高 8 位地址 A15 ~ A8。这时在 CPU 的控制下，转换开关 MUX 倒向右边，接通内部地址总线。P2 口的口线状态取决于片内输出的地址信息，这些地址信息来源于 PCH、DPH 等。在外接程序存储器的系统中，由于访问外部存储器的操作连续不断，P2 口不断送出地址高 8 位。例如，在 8031 单片机构成的系统中，P2 口一般只作地址总线口使用，不再作为 I/O 端口，直接连接外部设备。

在不接外部程序存储器而接有外部数据存储器的系统中，则情况有所不同。若外接数据存储器容量为 256B，则可使用"MOVX　A，@Ri"类指令由 P0 送出 8 位地址，P2 口上引脚的信号在整个访问外部数据存储器期间也不会改变，故 P2 口仍可作为通用 I/O 端口使用。若外接存储器容量较大，则需用"MOVX　A，@DPTR"类指令由 P0 口和 P2 口送出 16 位地址。在读/写周期内，P2 口引脚上将保持地址信息，但从其结构可知，输出地址时，并不要求 P2 口锁存器锁存"1"，锁存器内容也不会在送地址信息时改变，故访问外部数据存储器周期结束后，P2 口锁存器的内容又会重新出现在引脚上。这样，根据访问外部数据存储器的频繁程度，P2 口仍可在一定限度内作为一般 I/O 端口使用。P2 口可驱动 4 个 LSTTL 门电路。

4）P3 口的结构。P3 口是一个多用途的端口，也是一个准双向口，作为第一功能使用时，其功能同 P1 口。P3 口的位结构图如图 1-13 所示。

当作为第二功能使用时，每一位功能定义见表 1-9。P3 口的第二功能实际上就是系统具有控制功能的控制线。此时相应的口锁存器必须为"1"状态，"与非"门的输出由第二功能输出线的状态确定，从而 P3 口线的状态取决于第二功能输出线的电平。在 P3 口的引脚信号输入通道中有两个三态缓冲器，第二功能的输入信号取自第一个缓冲器的输出端，第二个缓冲器仍是第一功能的读引脚信号缓冲器。P3 口可驱动 4 个 LSTTL 门电路。

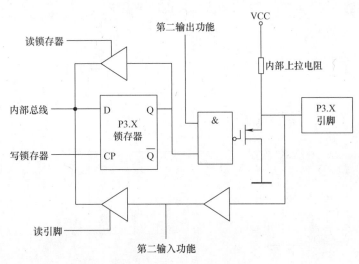

图 1-13　P3 口的位结构图

每个 I/O 端口内部都有 1 个 8 位数据输出锁存器和 1 个 8 位数据输入缓冲器，4 个数据输出锁存器与端口号 P0、P1、P2 和 P3 同名，皆为特殊功能寄存器。因此，CPU 数据从并行 I/O 端口输出时可以得到锁存，数据输入时可以得到缓冲。

4 个并行 I/O 端口作为通用 I/O 口使用时，共有写端口、读端口和读引脚三种操作方式。写端口实际上就是输出数据，是将累加器 A 或其他寄存器中的数据传送到端口锁存器中，然后由端口自动从端口引脚线上输出。读端口不是真正从外部输入数据，而是将端口锁存器中输出的数据读到 CPU 的累加器。读引脚才是真正输入外部数据的操作，是从端口引脚线上读入外部的输入数据。端口的上述三种操作实际上是通过指令或程序来实现的。

总之，通常 P0 和 P2 口构成 MCS-51 型单片机的 16 位地址总线，并且 P0 还是 8 位的数据总线，P3 口多用于第二功能输入与输出，通常只有 P1 口用于一般输入/输出。并行 I/O 口的复用情况见表 1-10。

表 1-10　MCS-51 型单片机的并行 I/O 口的复用情况

| I/O 口 | 复 用 情 况 |
|---|---|
| P0 口 | 低 8 位地址总线/数据总线分时复用口 |
| P1 口 | 只能用作一般 I/O 口 |
| P2 口 | 高 8 位地址总线 |
| P3 口 | 多用于第二功能输入与输出 |

在并行口的使用中，可定义一部分引脚为输入脚，另一部分引脚为输出脚，没有使用的引脚可以悬空。P0 口由于是三态输出，其每个引脚均可驱动 8 个 LSTTL 输入，而 P1 ~ P3 口的输出级均有上拉电阻，每个引脚只能驱动 4 个 LSTTL 输入。在系统复位后，P0 ~ P3 口的32 个引脚均输出高电平，因此，在系统的设计过程中，应保证这些引脚控制的外设不会因为系统复位而发生误动作。

9. 单片机最小系统

单个单片机是不能工作的，必须先接一定的辅助电路才能工作，其主要包括电源、晶振电路、复位电路。图 1-14 为单片机最小系统。

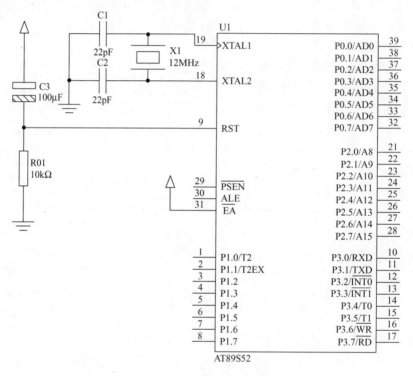

图 1-14　单片机最小系统

要使单片机工作就必须给它提供电源，AT89S52 需要的工作电源是直流 5V，可以通过5V 开关电源、5V 手机充电器或计算机 USB 接口提供，该 5V 电源接入单片机的 20 引脚（地端）和 40 引脚（正极端）。同时，还需要给它提供工作所需的时序脉冲，即晶振电路，如图 1-14 中的 18、19 引脚外围电路所示。为了保证系统开始时从初始状态运行，还需一个复位电路，如图 1-14 中的 9 引脚外围电路所示。

10. 发光二极管

发光二极管简称为 LED，它由镓（Ga）与砷（As）、磷（P）的化合物制成，当电子与空穴复合时能辐射出可见光。二极管在电路及仪器中可作为指示灯，或者组成文字或数字显示。磷砷化镓二极管发红光，磷化镓二极管发绿光，碳化硅二极管发黄光。

发光二极管是一种把电能转换成光能的半导体器件，其内部是一个 PN 结，在正向偏置的条件下导通时会发射出一定波长的光。发光二极管的发光功率近似地与导通电流成正比。

与小白炽灯泡和氖灯相比，发光二极管的特点是：工作电压很低（有的仅一点几伏），工作电流很小（有的仅零点几毫安即可发光），抗冲击和抗振性能好，可靠性高，寿命长，通过调制流过电流的强弱可以方便地调制发光的强弱。由于有这些特点，发光二极管在一些光电控制设备中用作光源，在许多电子设备中用作信号显示器。例如，把它的管心做成条状，用 7 条条状的发光管组成 7 段式半导体数码管，每个数码管可显示 0 ~ 9 十个数字及其他信息。

发光二极管有很多种类，如图 1-15 所示，其电气符号如图 1-16 所示，当在它的 A 和 K 两个电极上加以合适的电压，它就会亮起来。这里说"合适的电压"，是因为不同的发光二极管其工作电压并不相同，一般在 1.6 ~ 2.8V 之间（φ3mm 红色发光二极管一般是 1.8V），而工作电流一般在 2 ~ 30mA 之间（φ3mm 红色发光二极管一般是 10mA）。

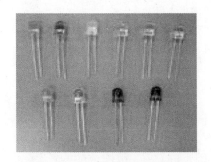

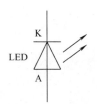

图 1-15　发光二极管的实物图　　　　图 1-16　发光二极管的电气符号

## 二、系统连线

根据任务要求，本系统需要的元器件清单见表 1-11。

表 1-11　发光二极管固定显示控制系统元器件清单

| 序　号 | 名　称 | 型　号 | 数　量 | 说　明 |
|---|---|---|---|---|
| 1 | 单片机 | AT89S52 | 1 个 | |
| 2 | IC 座 | 40P | 1 个 | |
| 3 | 晶振 | 12MHz，直插 | 1 个 | 晶振电路 |
| 4 | 瓷片电容 | 22pF，直插 | 2 个 | |
| 5 | 电解电容 | 100μF/16V，直插 | 1 个 | 复位电路 |
| 6 | 直插电阻 | 10kΩ，1/4W | 1 个 | |
| 7 | 直插电阻 | 300Ω，1/4W | 8 个 | 发光管分压电阻 |
| 8 | 发光二极管 | φ3mm 红色 | 8 个 | |
| 9 | 电路板 | 9cm × 15cm 万能板 | 1 块 | |

除了单片机最小系统外，驱动电路可以任意接任何 32 个 I/O 口，为了编程方便，本系统的 8 个发光二极管接一个 8 位并行口（P0、P1、P2、P3），本系统接到 P2 口。由于系统提供的电源是 5V 直流电源，所以需要在每个发光二极管上接一个 300Ω 的电阻进行分压，电路原理图如图 1-17 所示。

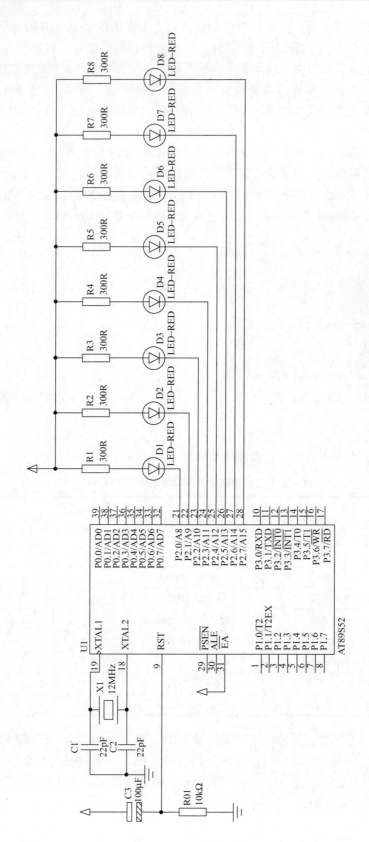

图1-17 发光二极管固定显示控制系统电路原理图

## 1.1.2 系统硬件制作

### 一、焊接电路图

根据系统电路原理图，用万能板来焊接一个硬件电路，焊接前先绘制出焊接电路图。焊接电路图如图 1-18 所示。

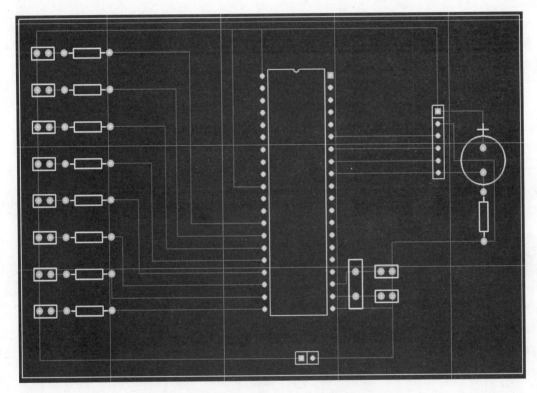

图 1-18 发光二极管固定显示控制系统焊接电路图

### 二、焊接操作要领

1. 焊前准备

物料：含直接用料和辅料，留意焊接元器件是否有极性要求，元器件脚是否有氧化、油污等。焊接时，对焊接温度、时间是否有特别要求。

工/器具：视焊接元器件而定，应有锡线座、元器件盒、焊枪、焊台、镊子、剪钳等。如有防静电要求，应注意采用防静电工/器具，同时操作员应戴好防静电手腕带。

2. 实施焊接

准备好焊锡丝和烙铁头，烙铁头要保持洁净。

步骤：烙铁头对准焊点→烙铁接触焊点→加焊锡→移开焊锡丝→拿开电烙铁。

具体如下：

1）加热焊件（同时加热元器件脚和焊盘）。

2）熔化焊锡：当焊件加热到能熔化焊料的温度后，将焊锡丝置于焊点，焊锡开始熔化并润湿焊点。

3）在焊点加入适当的焊锡后，移开焊锡丝。

4）当焊锡完全湿润焊点后，以大致45°的角度移开烙铁。

以上过程对一般焊点在2~3s完成，应注意在焊锡尚未完全凝固以前不要晃动元器件，以免造成虚焊。

**3. 焊接后的处理**

当焊接结束后，应检查有无漏焊、错焊（极性焊反）、短路、虚焊等现象，清理PCB上的残留物，如锡渣、锡碎、元器件脚等。

对焊点的基本要求：

1）焊点应具有良好的导电性。

2）焊点应具有一定的强度。

3）焊接点的焊料要适当。

4）焊接点的表面应具有良好的光泽（温度过高，焊接时间过长，都会使焊点发乌，影响焊点的强度）。

5）焊点不应有毛刺及间隙。

6）焊接点表面要清洁。

**4. 相关名词**

1）虚焊：是指焊锡与被焊金属没有形成金属合金，只是简单地依附在被焊接的金属表面上。

2）假焊：是指焊点内部没有真正焊接在一起，也就是焊接物与焊锡被氧化层或焊剂的未挥发物及污物隔离。

3）漏焊：是指应焊接点被漏掉，未进行焊接。

**三、焊接检查**

焊接完成后，仔细目测，确定没有漏焊，没有焊点短路，然后插上一个已经下载好跑马灯程序的AT89S52，上电后系统能正确运行显示。如果不能正确显示，则重点检查电源、晶振、复位电路。

电源的检查可以用万用表测量，单片机20引脚与40引脚间要有5V的电压，31脚与地间有5V的电压；发光二极管的正极端电压为5V。

复位引脚9脚上电稳定后电压应该为0V。如果9脚为0V，但是仍然怀疑复位电路有问题，可以强行对9脚给个瞬时高电平，看运行效果，如果给瞬时高电平后显示不变，说明上电复位有问题，即上电后不能给系统提供瞬时高电平使系统完成上电复位。

如果系统显示正常，还要检查下载电路能否正常下载程序。连上USB下载线，打开PROGISP下载软件，在"编程器及接口"下拉列表中选择"USBASP"和"usb"，在"选择芯片"下拉列表中选择"AT89S52"，如图1-19所示。单击按钮图标"RD"，如果没有反应则说明连接成功，能进行正常通信。

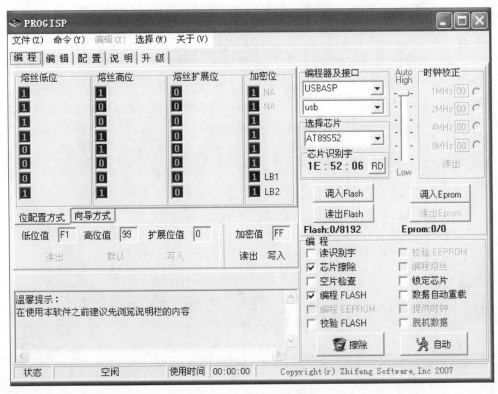

图 1-19　下载软件界面

## 1.1.3　系统软件设计

### 一、编译器的选择和编程语言的选择

光有单片机硬件是不能工作的，必须需要对应的软件（程序）跟其结合才能完成相应的功能。单片机程序的编译环境很多，比较常用的 51 单片机编译器是 KEIL C51、WAVE 6000 等，本书主要介绍的编译器是 KEIL C51，KEIL C51 的版本比较多，后续章节若没有特殊说明均指在 Keil μVision2 下编译完成。

在程序的编写中，常用的编程语言主要是汇编语言和 C 语言。本书主要介绍 C 语言的编写。

**知识点学习：**

1. KEIL C51 软件的使用步骤

1）先在计算机硬盘上建立一个文件夹，用来存放我们的文件（如在 D 盘根目录下建立一个 dpj 的文件夹），启动 KEIL C51 软件的集成开发环境，新建工程文件。执行"Project"→"New Project"命令，如图 1-20 所示。

2）在弹出的对话框中，选择要保存的路径，如 D:\ dpj，在"文件名"文本框中输入工程名称，如"test"，注意不需要加扩展名（系统会自动生成扩展名为 .uv2 的工程文件），如图 1-21 所示。

3）单击"保存"按钮后选择单片机的芯片型号。在弹出的对话框中依次选择"Atmel"→

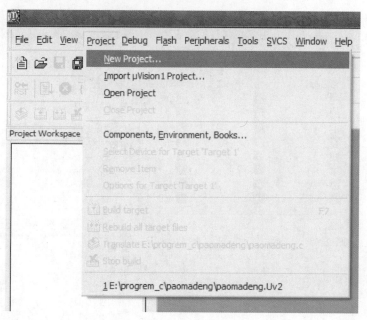

图 1-20  新建工程

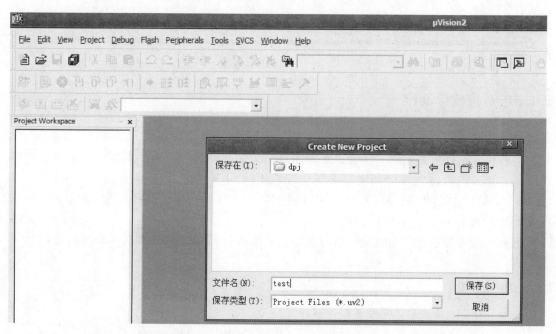

图 1-21  保存工程

"AT89S52"选项，如图 1-22 所示，单击"确定"按钮后弹出的对话框如图 1-23 所示，再单击"否"按钮即可。

4）建立源程序文件，执行"File"→"New"命令，如图 1-24 所示。

5）输入程序代码，在弹出的文本框中输入以下程序段，输入完成后的界面如图 1-25 所示。

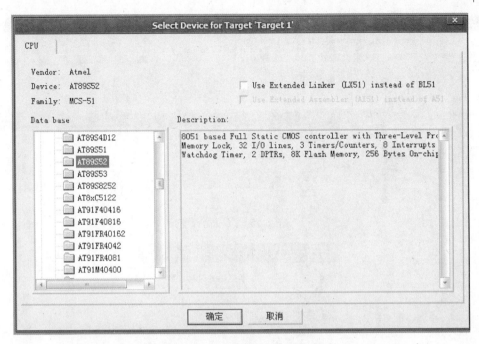

图 1-22　单片机的芯片型号选择

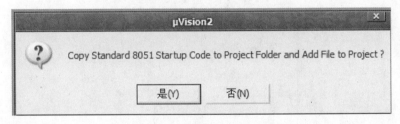

图 1-23　新建工程结束

```
#include  < reg51. h >
void main  ( )
{
    P2 = 0x00;
}
```

6）将源程序文件保存成 C 程序文件，执行 "File" → "Save As" 命令，如图 1-26 所示。

7）在弹出的对话框中确认路径与前面建立的工程文件一致，输入文件名，如 "test. c"，如图 1-27 所示（此时一定要加扩展名 . c，如果是用汇编语言编写的，则扩展名为 . asm），最后单击 "保存" 按钮。

8）将源程序添加到工程中，先单击 "Target1" 左边的 " + " 号，再用鼠标右键单击 "Source Group1"，在弹出的快捷菜单中单击 "Add Files to Group 'Source Group1'" 命令，如图 1-28 所示。

图 1-24　建立源程序文件

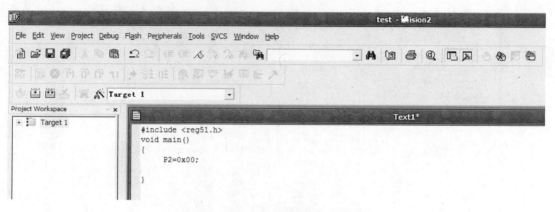

图 1-25　程序输入

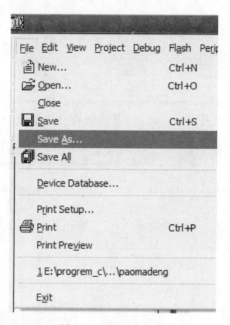

图 1-26　源程序保存

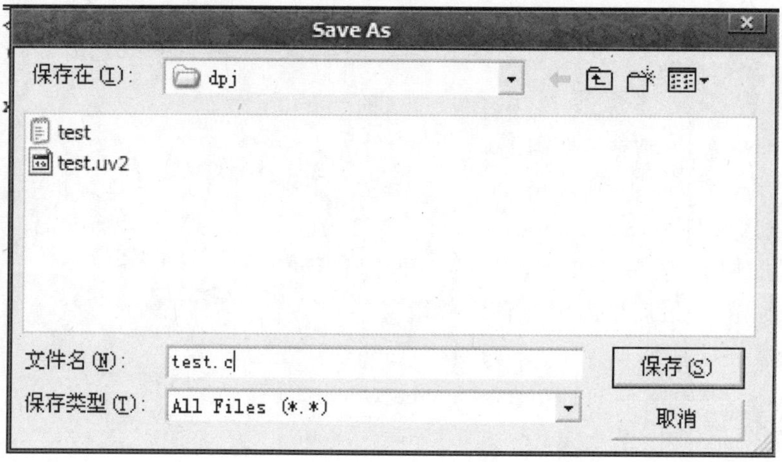

图 1-27　源程序文件保存

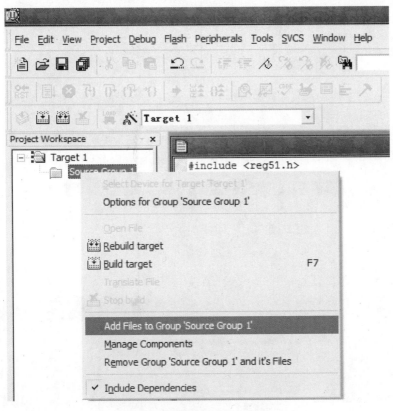

图1-28 源程序添加到工程中1

9）在弹出的对话框中选择之前建立的源程序文件（test.c），单击"Add"按钮，再单击"Close"按钮，如图1-29所示，这时点开"Source Group1"左边的"+"号就如图1-30所示。

图1-29 源程序添加到工程中2

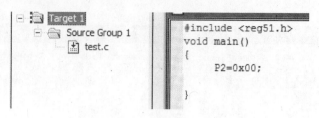

图1-30 源程序成功添加到工程

10）配置工程属性，用鼠标右键单击"Target1"，在弹出的快捷菜单中单击"Options for Target 'Target1'"命令，如图1-31所示。

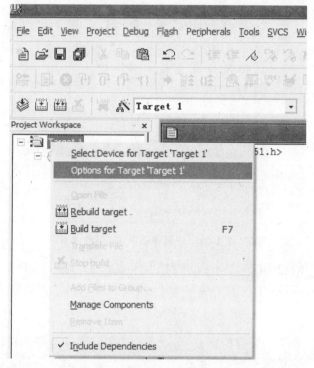

图1-31 配置工程属性1

11）在弹出的对话框中单击"Output"选项卡，在"Create Hex File"左边的复选框中打上"√"，如图1-32所示，单击"确定"按钮。

12）对程序进行编译，执行"Project"→"Build target"命令，如图1-33所示。也可以直接按<F7>键，或单击工具栏上的 图标，都可以对程序进行编译。编译完成后如图1-34所示。

2. 单片机程序的编写语言

单片机常用的编写语言主要有机器语言、汇编语言、高级语言。

1）机器语言：就是由0、1组成的语言，计算机可以直接识别。

2）汇编语言：汇编语言是由助记符组成的语言，每一条汇编语言对应一条机器语言。

3）高级语言：编写单片机程序常用的高级语言一般是C语言。C语言是一种结构化语言，有丰富的数据类型，便于维护管理。

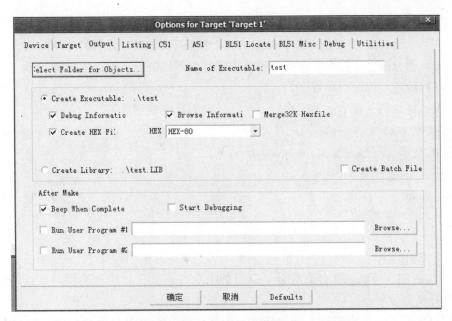

图 1-32 配置工程属性 2

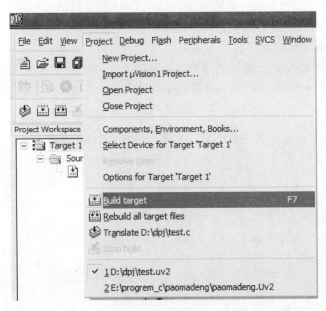

图 1-33 编译程序

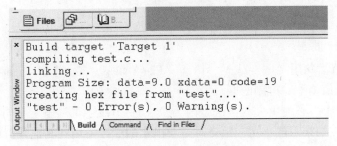

图 1-34 程序成功编译结果

与汇编语言相比，C 语言的优点如下：

1）不要求编程者详细了解单片机的指令系统，但需了解单片机的存储器结构。

2）寄存器分配、不同存储器的寻址及数据类型等细节可由编译器管理。

3）结构清晰，程序可读性强。

4）编译器提供了很多标准库函数，具有较强的数据处理能力。

**3. 单片机 C 语言程序书写的一般结构**

单片机 C 语言程序书写的一般结构如下：

```
#include  < reg51. h >
void    main( )
{

}
```

第一行表示引用头文件 reg51. h，也可以写成：#include "reg51. h"。这个头文件定义了 51 系列单片机内部所有的功能寄存器。只有加上这条语句，才能在编程时直接使用单片机内部的寄存器等变量。

第二行定义了一个主函数 main，任何一个单片机 C 程序有且仅有一个 main 函数，它是整个程序开始执行的入口。main 函数名前加 void 的意思是只执行但不返回任何值，不加不会出错，但如果该函数没有返回值，建议加上。

main( ) 下面有两个花括号，这是 C 语言中函数写法的基本要求之一，即在一个函数中，所有的代码都要写在这个函数的两个花括号内。

在 C 语言的程序结构中必须有一个主函数，即 main 函数。

**二、程序的编写**

要求：如果系统上电，第一个发光二极管 D1 亮，其他都不亮。

分析：根据硬件原理图（见图 1-17），发光二极管的正极端连接的是电源正极，负极端连接单片机的 I/O 口，所以只需对应的发光二极管负极端为低电平，即可让该发光二极管亮，也就是需要 P2 口对应为 11111110（转化为十六进制是 0xfe），则程序如下：

```
#include  < reg51. h >
void    main( )
{
    P2 = 0xfe;
}
```

将这段程序在 KEIL C51 编译器下编译，如图 1-35 所示，编译通过。

**知识点学习：**

1. C 语言的赋值语句

C 语言的赋值语句用 " = " 表达，语句 "P2 = 0xfe;" 表示将十六进制的 fe 赋给 P2，即使得 P2 寄存器的值为十六进制的 fe。

"P2" 中的 "P" 必须用大写，这是因为头文件 "reg51. h" 里定义寄存器 P2 用的是大写书写方式，所以如果写成小写，编译时是会出错的。今后用到其他并行口时都需要注意要写成大写形式。

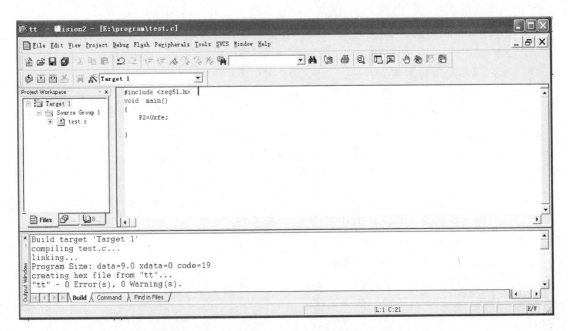

图1-35　发光二极管固定显示控制系统程序编译图

C语言还要求，每条语句后面必须加"；"，而且该"；"要求是在英文输入法下书写的。如果是中文状态下输入，编译也会提示出错，重新改为英文状态下输入即可。

2. 进制间的转换

人们进行数据的处理时，平时最习惯的是十进制书写方式，由于0xfe的十进制是254，所以"P2 = 0xfe；"可以写成"P2 = 254；"，在单片机的数据处理中一般接触最多的是二进制，但C语言没有二进制的书写方式，所以需要将二进制转换成十进制或十六进制。

（1）二进制与十六进制数的互换

一个8位二进制数，可以写成两位的十六进制数。所以两种进制的数进行互换时，可以把每4位的二进制数划为一组，然后对每一组进行相应的变换，例如：二进制转换为十六进制可写成

$$0110 \quad\quad 1110$$
$$6 \quad\quad\quad\quad E$$

把十六进制转换为二进制可写成

$$4 \quad\quad\quad\quad B$$
$$0100 \quad\quad 1011$$

为了不使二进制、十六进制或十进制数相混淆，规定在二进制数的后面加上符号B，如0110 0110B；在十六进制数的后面加上符号H，如6EH、4BH等；也可以不在后面加H，而在前面加\$或0x，如\$5E、\$4B、0x5E、0x4B等。如果数的前后都没有符号，按习惯就认为是十进制数。

如果被转换的是一个小数，则分组时应以小数点为准，整数部分从小数点开始，从右向左每4位划为一组，小数部分则从小数点开始，从左向右也以4位为一组，如果最后一组不

足 4 位，可以用零补齐。以数 1101100.11011B 为例，数的前后都要补 0，即

$$0110 \quad 1100 \quad . \quad 1101 \quad 1000$$
$$6 \qquad C \qquad . \qquad D \qquad 8$$

（2）二进制与十进制数的互换

对于二进制整数，各位数的位权可以用底数为 2 的 $n-1$ 次幂来确定，$n$ 表示该数的位数，即第 1 位的位权为 $2^0 = 1$，第 2 位的位权为 $2^1 = 2$，……若已知一个二进制数为 10101010B，对应的十进制值应为 170，计算过程如下：

$$10101010B = 1 \times 2^7 + 0 \times 2^6 + 1 \times 2^5 + 0 \times 2^4 + 1 \times 2^3 + 0 \times 2^2 + 1 \times 2^1 + 0 \times 2^0 = 170$$

对于二进制小数，其小数点以后各位的位权，可以用底数为 2 的负 $n$ 次幂来确定，$n$ 同样表示位数，即从小数点向右算起，第 1 位的位权为 $2^{-1} = 0.5$，第 2 位的位权为 $2^{-2} = 0.25$，……例如：求 11001100.00110011B 的十进制值，则

$$11001100.00110011B = 1 \times 2^7 + 1 \times 2^6 + 1 \times 2^3 + 1 \times 2^2 + 1 \times 2^{-3} + 1 \times 2^{-4} + 1 \times 2^{-7} + 1 \times 2^{-8}$$
$$= 204.19921875$$

反过来，要将十进制整数转换为二进制数，可以采用逐次除以 2 余数反序排列的方法，所谓反序排列，指第 1 次除以 2 的余数排在最低位。以十进制数 25 为例，逐次除以 2 列式如下：

$$25 \div 2 = 12 \quad \cdots\cdots 余 1$$
$$12 \div 2 = 6 \quad \cdots\cdots 余 0$$
$$6 \div 2 = 3 \quad \cdots\cdots 余 0$$
$$3 \div 2 = 1 \quad \cdots\cdots 余 1$$
$$1 \div 2 = 0 \quad \cdots\cdots 余 1$$

将余数反序排列得二进制为 11001。由于 8 位微型计算机习惯将二进制数写成 8 位，因此可得

$$25 = 00011001B$$

如果二进制数不超过 8 位，即十进制数不超过 255，也可以不必列式，直接用口算转换。

要把十进制小数转换为二进制数，可以采用小数部分逐次乘以 2 的方法，每次乘积若产生整数则将整数个位（即所谓溢出位）按正序排列，小数部分继续乘以 2。以 33.6875 为例，其整数部分按上面方法得

$$33 = 00100001B$$

其小数部分：

$$0.6875 \times 2 = 1.375 \quad \cdots\cdots 溢出数为 1$$
$$0.375 \times 2 = 0.75 \quad \cdots\cdots 溢出数为 0$$
$$0.75 \times 2 = 1.5 \quad \cdots\cdots 溢出数为 1$$
$$0.5 \times 2 = 1 \quad \cdots\cdots 溢出数为 1$$

小数部分的二进制为 1011，所以可得出

$$33.6875 = 00100001.10110000B$$

（3）十进制与十六进制数的互换

我们已经掌握了十进制与二进制的互换以及二进制与十六进制的互换，因此要把十进制

数转换为十六进制数，可以先转换成二进制数，再转换成十六进制数。反之，十六进制数也可以先转换成二进制数，再转换成十进制数。

十六进制数要直接转换为十进制数也可以按各位的位权求出该数对应的十进制数值。整数部分的位权等于底数为 16 的 $n-1$ 次幂（$n$ 为位数），即第 1 位的位权为 $16^0 = 1$，第 2 位的位权为 $16^1 = 16$，依次类推。例如，十六进制的数为 8A71 H，可求出

$$8A71\ H = 8 \times 16^3 + 10 \times 16^2 + 7 \times 16^1 + 1 \times 16^0 = 35441$$

对于十六进制的小数，其小数点以后各位的位权，同样可以用底数为 16 的负 $n$ 次幂来确定，$n$ 表示位数，即从小数点向右算起，第 1 位的位权为 $16^{-1} = 0.0625$，第 2 位的位权为 $16^{-2} = 0.00390625$，……例如，某个小数为 0.4AC9H，转换为十进制值的计算过程如下：

$$0.4AC9H = 4 \times 16^{-1} + 10 \times 16^{-2} + 12 \times 16^{-3} + 9 \times 16^{-4} = 0.2921295$$

反过来，要把十进制转换为十六进制数，其方法与十进制数转换为二进制相似，即整数部分采用逐次除以 16 余数反序排列的方法，小数部分则采用逐次乘以 16 溢出数正序排列的方法。例如，将 13562 十进制数转换为十六进制：

$$13562 \div 16 = 847 \quad \cdots\cdots 余\ 10\ （记作：A）$$
$$847 \div 16 = 52 \quad \cdots\cdots 余\ 15\ （记作：F）$$
$$52 \div 16 = 3 \quad \cdots\cdots 余\ 4$$
$$3 \div 16 = 0 \quad \cdots\cdots 余\ 3$$

可得

$$13562 = 34FAH$$

在书写十六进制数时，若打头的数为 A~F，则应在 A~F 前再加一个 0，以表示这是一个数而不是其他符号。

十进制小数转换为十六进制小数，同样采用小数部分逐次乘以 16 的方法，每次乘积若产生整数，则将所得（即所谓溢出位）按正序排列。例如，将十进制小数 0.359375 转换为十六进制数：

$$0.359375 \times 16 = 5.75 \quad \cdots\cdots 溢出数为\ 5$$
$$0.75 \times 16 = 12.0 \quad \cdots\cdots 溢出数为\ C$$

可得

$$0.359375 = 0.5CH$$

## 1.1.4　程序下载与调试

实物焊接完成，程序也编写好以后，可以将程序下载至单片机系统实物中。先连上 USB 下载线，打开 PROGISP 下载软件，在"编程器及接口"下拉列表中选择"USBASP"和"usb"，在"选择芯片"下拉列表中选择"AT89S52"，在"芯片擦除"和"编程 FLASH"前的方框中打上"√"，如图 1-36 所示。单击"调入 Flash"按钮，在弹出的对话框（见图 1-37）中选择编译生成的 HEX 文件，单击"打开"按钮。最后单击图 1-36 中的"自动"按钮，显示如图 1-38 所示的界面，说明下载成功。此时，系统即按程序正常运行。

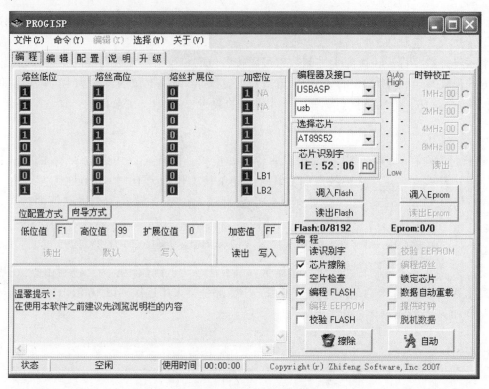

图 1-36　下载软件设置界面

图 1-37　程序加载至下载软件

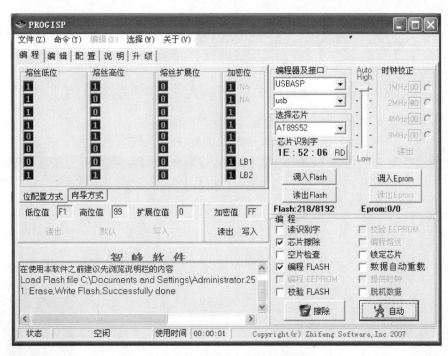

图 1-38　程序下载成功界面

## 1.1.5　系统仿真与调试

程序编写完成后，如果没有单片机系统实物，为了能看到效果，一般可以进行仿真。常用的单片机仿真软件是 Proteus，下面我们在 Proteus7.5 SP3 下进行仿真操作。

在安装好软件的计算机桌面上双击  图标，即可进入其仿真界面，如图 1-39 所示。

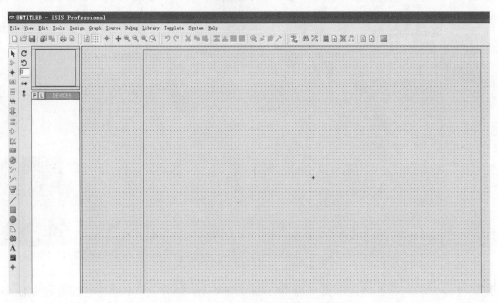

图 1-39　Proteus7.5 SP3 仿真软件界面

**1. 绘制仿真图**

在该界面下绘制仿真原理图的步骤如下：

1）将原理图中需要用到的元器件添加到绘图界面中。先单击 **P** 按钮，弹出如图 1-40 所示的界面，在"Keywords"文本框里输入元器件名或元器件名的关键字，如需加单片机，则输入 AT89C52，在结果方框"Results"里找到该元器件并双击，则添加成功，如图 1-41 所示。

图 1-40　元器件添加界面

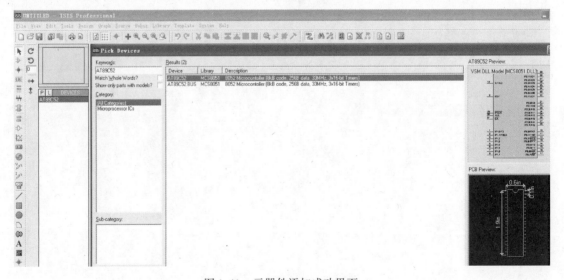

图 1-41　元器件添加成功界面

用同样的方法添加其他元器件：晶振（CRYSTAL）、电容（CAP）、电解电容（ELEC）、电阻（RES）、红色发光二极管（LED－RED）。

2）元器件布局。

① 放置元器件到编辑窗口中，先左键选中要放置的元器件，再在编辑窗口单击左键放置。

② 删除放置错误的元器件，可以左键选中该元器件，再按 < Delete > 键，或用右键单击该元器件，再执行"Delete Object"命令，如图 1-42 所示。

③ 需要对元器件进行移动时，可以左键选中该元器件，再按下左键拖动到相应的位置。如果需要同时移动多个元器件，可以单击右键框住要移动的所有元器件，再左键拖动。

④ 旋转元器件，可以左键选中该元器件，再单击 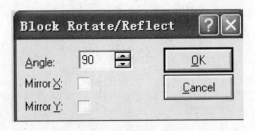 图标，弹出如图 1-43 所示的对话框，在"Angle"框里输入要旋转的角度。

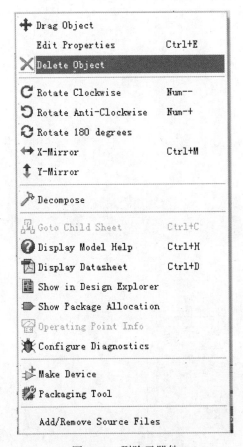

图 1-42　删除元器件

图 1-43　旋转元器件角度

⑤ 如果要缩小或放大视图，可以通过旋转鼠标的中间滚轮实现。

⑥ 放置电源图标，先单击 图标，再左键选电源正极（POWER）或电源地端（GROUND），再到对应的地方单击左键放置即可。

⑦ 修改元器件名称或参数。双击该元器件，在对应的修改框修改元器件名称、标号、参数，修改结束后单击"OK"按钮即可。

元器件布局好后的效果图如图 1-44 所示。

3）连线。在需要连线的元器件引脚处单击左键，即可以进行线路连接。连接完整的图如图 1-45 所示。

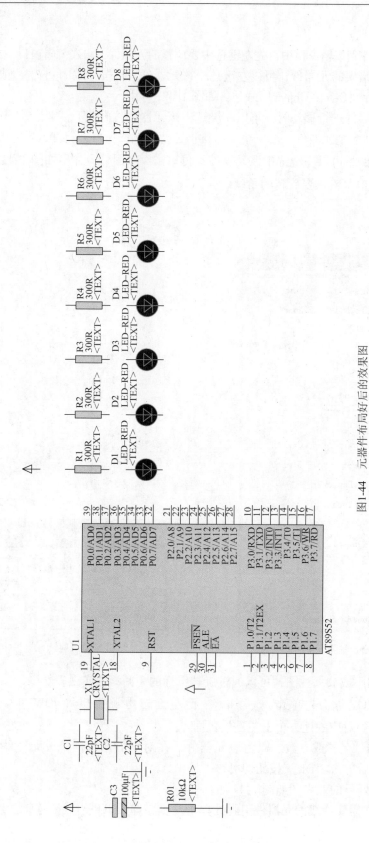

图1-44 元器件布局好后的效果图

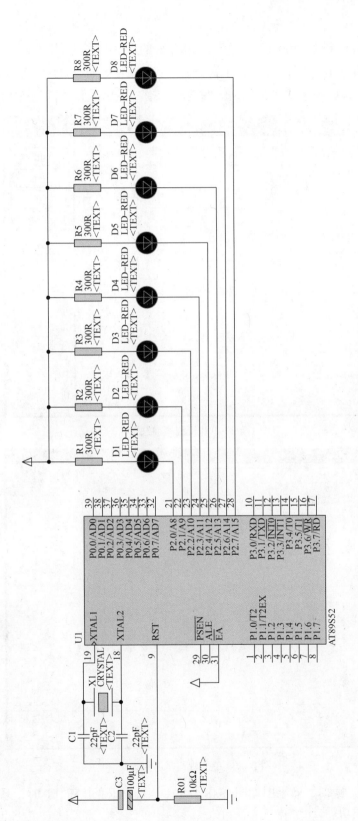

图1-45 发光二极管固定显示控制系统连接图

**2. 系统仿真**

当程序编写和仿真图绘制均完成后，即可将编译好的程序加载到单片机中。先双击单片机图标，弹出如图 1-46 所示的界面后，单击 图标，将其指定到程序的具体文件夹，如图 1-47 所示，选择编译生成的 HEX 格式文件，单击"打开"按钮，最后单击"OK"按钮即可。

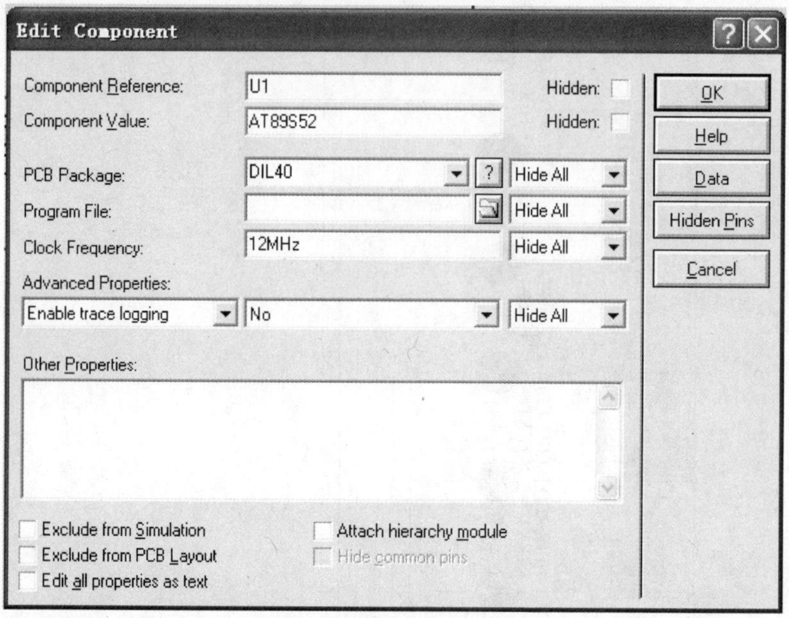

图 1-46　单片机程序加载 1

图 1-47　单片机程序加载 2

当按下运行图标 时，效果图如图 1-48 所示，当按下停止按钮 时，系统仿真停止运行，则系统设计成功。

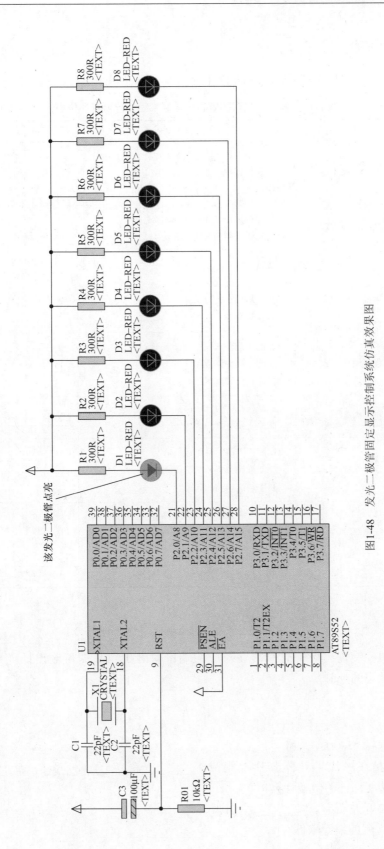

图1-48 发光二极管固定显示控制系统仿真效果图

## 【项目检查与评估】

根据项目完成情况，按照表 1-12 进行评价。

表 1-12　发光二极管固定显示控制系统运行项目评价表

| 考核项目 | 考核内容 | 技 术 要 求 | 评分标准 | 得分 | 备注 |
|---|---|---|---|---|---|
| 硬件设计 | 系统电气线路设计 | ① 能根据控制要求选取单片机型号<br>② 能根据控制要求设计外围电路<br>③ 电路图设计满足要求，系统可靠稳定 | 20 分 | | |
| | Proteus 仿真图的绘制 | ① 能根据任务要求选择元器件<br>② 元器件布局合理、美观<br>③ 连线正确、美观 | 15 分 | | |
| | 系统焊接 | ① 操作符合安全规范<br>② 元器件布置合理<br>③ 连线整齐，工艺美观 | 20 分 | | |
| 软件设计 | 程序编写调试 | ① 能正确输入程序<br>② 能正确编译程序<br>③ 能正确调试程序 | 15 分 | | |
| | 程序下载 | ① 操作符合安全规范<br>② 能正确下载程序 | 10 分 | | |
| 系统调试 | 运行调试 | ① 能正确演示系统运行情况<br>② 能准确分析系统工作原理<br>③ 能解决遇到的问题 | 10 分 | | |
| 职业素质 | 职业素质 | 具备良好的职业素养，具有良好的团结协作、语言表达及自学能力，具备安全操作意识、环保意识等 | 10 分 | | |
| 评 价 结 果 | | | | | |

## 【项目总结】

当用单片机控制输出设备时只需在对应的端口输出 0、1，即可输出低电平或高电平，从而实现输出状态的控制。

## 【练习与训练】

一、填空题。

1. 单片机是在一块半导体芯片上集成了_____、_____、_____以及_____等功能部件的微型计算机。

2. AT89S52 单片机有_____个引脚。

3. 单片机常用的编译软件有_____、_____。

4. 单片机常用的硬件仿真软件名称是_____。

5. 单片机芯片主要生产厂家有_____、_____、_____、_____。

二、AT89S52 的 P2 口控制 8 个发光二极管，原理图如图 1-17 所示，按要求回答以下问题。

1. 若要控制 D1 亮，则 P2 口的二进制代码为_____，十六进制代码为_____。

2. 若要控制 D2 亮，则 P2 口的二进制代码为_____，十六进制代码为_____。

3. 若要控制 D3 亮，则 P2 口的二进制代码为_____，十六进制代码为_____。

4. 若要控制 D4 亮，则 P2 口的二进制代码为_____，十六进制代码为_____。

5. 若要控制 D5 亮，则 P2 口的二进制代码为_____，十六进制代码为_____。

6. 若要控制 D6 亮，则 P2 口的二进制代码为_____，十六进制代码为_____。

7. 若要控制 D7 亮，则 P2 口的二进制代码为_____，十六进制代码为_____。

8. 若要控制 D8 亮，则 P2 口的二进制代码为_____，十六进制代码为_____。

9. 若要控制 D3、D4 亮，则 P2 口的二进制代码为_____，十六进制代码为_____。

10. 若要控制 D5、D6 亮，则 P2 口的二进制代码为_____，十六进制代码为_____。

11. 编写一个单片机程序，控制 D1、D2、D3、D4 亮。

12. 编写一个单片机程序，控制 D1、D3、D5、D7 亮。

# 1.2 发光二极管循环显示控制系统设计及制作

## 【任务描述】

设计一个发光二极管循环显示控制系统，控制 8 个发光二极管依次点亮，即 D1 亮一段时间，D2 亮一段时间……D8 亮一段时间，亮完一轮后又开始与上述相同的循环运行。

## 【任务能力目标】

1. 进一步认识电子产品设计制作的基本流程；

2. 进一步熟悉编程软件的操作编程；

3. 掌握循环显示发光二极管的控制原理和方法。

## 【完成任务的计划决策】

8 个发光二极管用 AT89S52 的 P2 口控制，延时时间通过编写延时子程序实现。

## 【实施过程】

## 1.2.1 系统硬件设计

根据任务要求，本系统需要的元器件清单见表 1-13。

表 1-13　发光二极管循环显示控制系统元器件清单

| 序　号 | 名　称 | 型　号 | 数　量 | 说　明 |
|---|---|---|---|---|
| 1 | 单片机 | AT89S52 | 1个 | |
| 2 | IC座 | 40P | 1个 | |
| 3 | 晶振 | 12MHz，直插 | 1个 | 晶振电路 |
| 4 | 瓷片电容 | 22pF，直插 | 2个 | |
| 5 | 电解电容 | 100μF/16V，直插 | 1个 | 复位电路 |
| 6 | 直插电阻 | 10kΩ，1/4W | 1个 | |
| 7 | 直插电阻 | 300Ω，1/4W | 8个 | 发光管分压电阻 |
| 8 | 发光二极管 | φ3mm，红色 | 8个 | |
| 9 | 电路板 | | 1块 | |

　　根据系统功能要求，设计出电路原理图，该图和发光二极管固定显示控制系统电路图是一致的，如图 1-17 所示，所以所用硬件实物也是一样的。

## 1.2.2　系统软件设计

### 一、程序流程图的设计

　　一般情况下，进行软件设计时需要将程序编写的思路，即程序流程图画出来，方便今后修改、修正以及系统升级。流程图的设计需要符合其书写规范。

　　**知识点学习 1：**

　　流程图常用符号见表 1-14。

表 1-14　流程图常用符号

| 符　号 | 名　称 | 表示的功能 |
|---|---|---|
|  ⬭ | 起止框 | 程序的开始或结束以及返回 |
|  ▭ | 处理框 | 各种处理操作 |
| 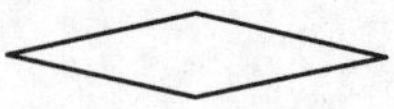 ◇ | 判断框 | 条件转移操作 |
|  ▱ | 输入/输出框 | 输入/输出操作 |
| 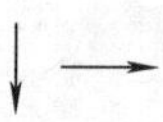 ↓ | 流程线 | 描述程序的流向 |
| 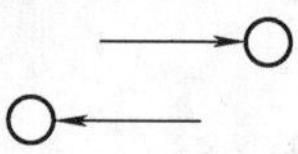 →○　○← | 引入/引出连接线 | 流程的连接 |

根据系统要求，本设计的程序流程图如图 1-49 所示。

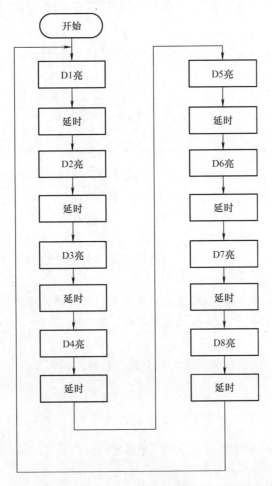

图 1-49 发光二极管循环显示控制系统程序流程图

在 C 语言编程中，凡是使用到的变量都必须预先定义，否则不能使用。在本设计中，延时时间的实现可以经过执行多个空语句来完成，一个空语句执行的时间是一个机器周期，要执行多个空语句，需要用循环指令实现。

**知识点学习 2：**

1. 数据类型

C51 数据类型、表示方法、长度和数值范围见表 1-15。

表 1-15 C51 数据类型、表示方法、长度和数值范围

| 数 据 类 型 | 表 示 方 法 | 长度 | 数 值 范 围 |
|---|---|---|---|
| 无符号字符型 | unsigned char | 1B | 0～255 |
| 有符号字符型 | signed char | 1B | -128～127 |
| 无符号整型 | unsigned int | 2B | 0～65535 |
| 有符号整型 | signed int | 2B | -32768～32767 |

（续）

| 数 据 类 型 | 表 示 方 法 | 长度 | 数 值 范 围 |
|---|---|---|---|
| 无符号长整型 | unsigned long | 4B | 0 ~ 4294967295 |
| 有符号长整型 | signed long | 4B | − 2147483648 ~ 2147483647 |
| 浮点型 | float | 4B | ± 1. 1755E − 38 ~ ± 3. 40E + 38 |
| 特殊功能寄存器型 | sfr | 1B | 0 ~ 255 |
| | sfr16 | 2B | 0 ~ 65535 |
| 位类型 | bit、sbit | 1bit | 0 或 1 |

比如，如果需要定义一个变量"shu"为无符号字符型，可以用以下语句实现：

unsigned char shu；

当定义变量"shu"为无符号字符型时，那么它就占用了单片机一个字节的数据存储空间，其能表示的数值的范围是 0 ~ 255。

在定义了变量的数据类型后，在使用过程中有时会进行数据类型转换。

（1）自动转换

转换规则是向高精度数据类型转换和向有符号数据类型转换。如果字符型变量与整型变量相加，则将位变量先转换成字符型或整型数据，然后相加。

（2）强制转换

像 ANSI C 一样，通过强制类型转换的方式进行转换，例如：

unsigned int b；

float c；

b = ( int ) c；

MCS − 51 单片机只有 bit 和 unsigned char 两种数据类型支持机器指令，而其他类型的数据都需要转换成 bit 或 unsigned char 型进行存储。

为了减少占用单片机的存储空间和提高运行速度，要尽可能地使用 unsigned char 型数据。

1）位变量的存储。bit 和 sbit 型位变量，直接存于 RAM 的位寻址空间，包括低 128 位和特殊功能寄存器位。

2）字符变量的存储。字符变量（char），无论是 unsigned char 数据还是 signed char 数据，均为 1 个字节，能够被直接存储在 RAM 中，可以存储在 0 ~ 0x7f 区域，也可以存储在 0x80 ~ 0xff 区域，与变量的定义有关。

unsigned char 数据：可直接被 MCS − 51 接受。

signed char 数据：用补码表示。需要额外的操作来测试、处理符号位，使用的是两种库函数，代码量大，运算速度降低。

3）整型变量的存储。整型变量（int），不管是 unsigned int 数据还是 signed int 数据，均为两个字节，其存储方法是高位字节保存在低地址（在前面），低位字节保存在高地址（在后面）。

4）长整型变量的存储。长整型变量（long）为 4 个字节，其存储方法与整型数据一样，最高位字节保存的地址最低（在最前面），最低位字节保存的地址最高（在最后面）。

2. 运算符和表达式

C 语言中的运算符和表达式数量之多，在高级语言中是少见的。正是丰富的运算符和表达式使 C 语言功能十分完善，这也是 C 语言的主要特点之一。

C 语言的运算符不仅具有不同的优先级，而且还有一个特点，就是它的结合性。在表达式中，各运算量参与运算的先后顺序不仅要遵守运算符优先级别的规定，还要受运算符结合性的制约，以便确定是自左向右进行运算还是自右向左进行运算。这种结合性是其他高级语言的运算符所没有的，因此也增加了 C 语言的复杂性。

C 语言主要运算符见表 1-16。

**表 1-16　C 语言主要运算符**

| 运算符种类 | 运算符形式 | 运算符种类 | 运算符形式 |
| --- | --- | --- | --- |
| 算术运算符 | ＋　－　＊　／　％ | 条件运算符 | ？　： |
| 关系运算符 | ＞　＜　＞＝　＜＝　＝＝　！＝ | 求字节数运算符 | sizeof |
| 逻辑运算符 | ！　&&　‖ | 类型强制转换 | （类型） |
| 赋值运算符 | ＝　＋＝　－＝　＊＝　／＝　％＝ | 下标运算符 | ［　］ |
| 位运算符 | &　｜　～　∧　＞＞　＜＜ | 指针运算符 | ＊　& |
| 自增、自减运算符 | ++　－－ | 分量运算符 | ．　－＞ |
| 取正、负运算符 | ＋　－ | 逗号运算符 | ， |

（1）算术运算符

C 语言中的算术运算符有五个，它们的含义、结合性、优先级见表 1-17。

**表 1-17　C 语言中的算术运算符**

| 优先级 | 运算符 | 使用形式 | 结合方向 | 含　义 | 举　例 |
| --- | --- | --- | --- | --- | --- |
| 1 | ＊ | 双目运算符 | 自左向右 | 乘法运算 | x＊y |
| | ／ | 双目运算符 | 自左向右 | 除法运算 | x/y |
| | ％ | 双目运算符 | 自左向右 | 求余运算 | x％y |
| 2 | ＋ | 双目运算符 | 自左向右 | 加法运算 | x＋y |
| | － | 双目运算符 | 自左向右 | 减法运算 | x－y |

说明：

1）所谓双目运算，是指运算符要求有两个操作数（即两个运算量）。

2）运算符的优先级，决定了一个表达式中计算的先后顺序。和数学上一样，算术运算应遵循"先乘除，后加减"的运算法则，所以"＊、／、％"的优先级高于"＋、－"。

3）C 语言的运算符具有"结合性"的特点。所谓结合性，是指运算符在与运算量（运算对象）组合时的"结合方向"。如表达式"x＋y－z"，由于"＋、－"为同一优先级，且结合方向都是从左向右，所以 y 先与＋结合，执行 x＋y 运算，然后执行减 z 的运算。

4）当＋、－作为单目运算符使用时，则分别表示取正号和取负号。其结合方向是"自右向左"结合。＋（取正号）、－（取负号）运算符的优先级高于算术运算符。

算术运算符的运算规则如下：

1）参与算术运算的运算量可以是整型或实型常量、变量及表达式。

2）除法（/）运算的除数不能为0，否则将出现被0除的错误。

3）求余运算符（%）两边的运算量必须为整型，且%后面的运算量不能为0。

例如：7%4 值为3；

4%7 值为4；

10%5 值为0。

4）当算术运算符的两个运算量的类型相同时，则运算结果的类型与运算量相同。

例如：12.3 + 2.7 值为浮点型15.0；

13/5 值为整型2，舍弃小数部分；

–13/5 值为整型 –2，采取"向零取整"。

5）当算术运算符的两个运算量中有一个为实型时，则运算结果的类型为 double 型。

例如：12.3 + 3 值为 double 型15.3。

算术表达式是由算术运算符、括号和运算量所组成的符合 C 语言语法规则的式子。参与运算的运算量可以是常量、变量和带返回值的函数等。

例如：'a' – 32 + 4

a * x * x + b * sinx + c

（a + b）/（c – d）

以上都是合法的算术表达式。

在一个算术表达式中，整型、float 型、double 型及字符型（char 型）数据之间可以进行混合运算。当进行算术运算时，如果一个运算符两侧的数据类型不相同，则先自动进行类型转换，使两者为同一种类型，然后再进行运算。如表达式：

'n' – 32 + 128.56/ 'a' * 2

由于128.56是实型，而所有的实型都按 double 型进行运算。所以在运算时，整型、字符型都要转换成 double 型，即自动进行类型转换后，再进行运算。在对算术表达式进行运算时，要按运算符的优先级进行。

（2）关系运算符

C 语言中的关系运算符有六种：>（大于）、<（小于）、 = =（等于）、! =（不等于）、>=（大于等于）、<=（小于等于）。

关系运算符都是双目运算符。关系运算的结果是一个逻辑值。

关系运算规则：

1）当关系成立时，关系运算的值为1（表示逻辑真）。

2）当关系不成立时，关系运算的值为0（表示逻辑假）。

例如：

100 >= 20 值为1；

7 = = 3 值为0；

'a' < 'A' 值为0。

在使用关系运算符时应注意如下几点：

1）不要将关系运算符的等于" = ="错写成" ="。

2）对字符的比较是比较相应字符的 ASCII 码，ASCII 码大则该字符就大。

3）使用"=="比较两个浮点数时，由于存储误差的原因，有时会得出错误的结果。

例如：$1.0/7.0 * 7.0 == 1.0$

由于 $1.0/7.0$ 的结果值是实型，且在内存中用有限位存储，因此是一个近似值，所以 $1.0/7.0 * 7.0 \neq 1.0$。在程序设计中，一般采用如下方法来判断两个实数是否相等。

$fabs(1.0 - 1.0/7.0 * 7.0) < 1E - 5$

关系表达式：

关系表达式是用关系运算符将两个运算量连接起来的式子。被连接的运算量可以是常量、变量和表达式。例如：

$x + y > 100 - z$

$m \% n == 0$

都是合法的关系表达式。

关系表达式和逻辑表达式主要用来在流程控制中描述条件。

关系运算符的优先级为：>、<、>=、<= 为同一级，==、!= 为同一级，且前者高于后者。关系运算符的优先级低于算术运算符。例如：

$x + y > 100 - z$ 等价于 $(x + y) > (100 - z)$，即先算术运算，后关系运算。

$m \% n == 0$ 等价于 $(m \% n) == 0$。

关系运算符的结合方向是"自左至右"结合。例如：

$x > y < z$ 等价于 $(x > y) < z$。

（3）逻辑运算符

C 语言的逻辑运算符有三个：&&（逻辑与）、‖（逻辑或）、!（逻辑非）。其中 && 和 ‖ 是双目运算符；! 是单目运算符。

由于 C 语言没有提供逻辑类型数据，在进行逻辑判断时，是依据运算量的值是否为 0 或非 0 来判断逻辑假或逻辑真。若运算量的值为 0，则认为逻辑假；若运算量的值为非 0，则认为逻辑真。所以，逻辑运算的运算量可以为任何基本数据类型，如整型、浮点型或字符型等。

逻辑运算符的优先级规定如下：

1）逻辑运算符的优先级为：!→&&→‖；

2）几种运算符的优先级为：!→算术运算符→关系运算符→&&→‖。

例如：$x == y \&\& min < 50$ 计算顺序为 $(x == y) \&\& (min < 50)$。

C 语言的逻辑运算符中，逻辑非（!）是自右向左结合，逻辑与（&&）和逻辑或（‖）是自左向右结合。例如：

$x \&\& y \&\& z$

由于 y 两边的运算符的优先级相同，所以计算顺序为 $(x \&\& y) \&\& z$。

（4）赋值运算符

赋值运算的功能是将一个数据赋给一个变量。C 语言的基本赋值运算符为"="，而"="又可与算术运算符（+、-、*、/、%）及位运算符（&、|、^、<<、>>）结合组成多个复合赋值运算符。

基本赋值运算符"="是一个双目运算符。由基本赋值运算符或复合赋值运算符将一个变量和一个表达式连接起来的具有合法语义的式子，则称为赋值表达式。

赋值表达式的一般形式如下：

变量 赋值运算符 表达式

例如：a=2，将 2 赋给变量 a；

d=b*b-4*a*c，计算右边表达式的值并赋给变量 d；

i=j=k=10，赋值表达式的值为 10；i、j、k 的值均为 10；

q=m>n，将关系表达式 m>n 的结果值（1 或 0）赋给 q；

a=(b=15)/(c=3)，赋值表达式的值为 5，b 的值为 15，c 的值为 3；

赋值运算符的优先级低于算术运算符、关系运算符和逻辑运算符，仅高于逗号运算符。例如：

q=m>n，运算顺序为 q=(m>n)。

赋值运算符按从右至左结合。例如：

i=j=k=10/2。

运算顺序为 i=(j=(k=10/2))，即先计算 10/2，结果为 5，将 5 赋给 k，k 的值为 5；再将"k=10/2"的值（5）赋给 j，则 j 的值为 5（即表达式"j=k=10/2"的值为 5）；最后将"j=k=10/2"的值（5）赋给变量 i，则 i 的值为 5。

在赋值运算符"="前面加上算术运算符或位运算符，便可构成复合赋值运算符。C 语言中的复合赋值运算符有 10 种：+=、-=、*=、/=、%=、&=、|=、^=、<<=、>>=。由复合赋值运算符构成的赋值表达式，其一般形式如下：

变量 复合赋值运算符 表达式

例如：

a+=a*10 等价于 a=a+a*10；

x*=y-3 等价于 x=x*(y-3)；

n%=5 等价于 n=n%5；

m<<=2 等价于 m=m<<2。

（5）自增、自减运算符

C 语言的自增、自减运算符分别为 ++、--。它们是单目运算符，即运算符只有一个操作数。自增、自减运算符的作用是使变量的值增 1 或减 1。例如：

语句"n++;"的作用是将变量 n 的值加 1 后，再将结果值放入变量 n 中保存，即相当于执行语句 n=n+1。

自增、自减运算符的使用形式：

1）若运算符在变量之前称为前置运算，如 ++i、--i。

2）若运算符在变量之后称为后置运算，如 i++、i--。

前置运算的作用是，在使用变量的值之前，使变量的值加 1 或减 1。

后置运算的作用是，在使用变量的值之后，再使变量的值加 1 或减 1。

自增、自减运算符的优先级与取正值（+）、取负值（-）运算符处于同一级，但高于算术运算符，其结合方向为"自右向左"结合。

如下列程序段：

i=3;

n=-i++;

对于表达式 –i++，编译时该如何处理呢？由于"–"和"++"是同一优先级，且结合方向都是从右向左结合，因此，表达式 –i++ 相当于 –（i++）。所以，执行"n = –i++；"的过程是：

1）计算表达式 i++ 的值，表达式取 i 的值为3，然后 i 增1。

2）引用表达式 i++ 的值3，然后取负值运算，得到表达式 –i++ 的值 –3。

3）将 –3 赋给变量 n，所以程序段被执行后的结果是：n = –3，i = 4。

（6）条件运算符

C 语言的条件运算符（?:）是个三目（元）运算符。由条件运算符与操作数构成的表达式称为条件表达式。其一般形式如下：

表达式1? 表达式2：表达式3

条件表达式的运算过程为：先计算表达式1的值，如果其值为真（值为非0），则求解表达式2的值，并将表达式2的值作为整个条件表达式的值。如果表达式1的值为假（值为0），则求解表达式3的值，并将表达式3的值作为整个条件表达式的值。

例如：max > 100? x + 100：100

该条件表达式的值是这样确定的：当给定条件 max > 100 为真时，则条件表达式的值为 x + 100；否则，条件表达式的值为 100。

C 语言中条件运算符（?:）的优先级高于赋值运算符，而低于算术运算符、关系运算符和逻辑运算符。

条件运算符（?:）按从右至左结合。例如：

y = x > 0? 1：x ==0? 0：–1

等价于：

y = x > 0? 1：（x ==0? 0：–1）

实际上，这是一个嵌套的条件表达式。它的作用是：当 x > 0 时，则条件表达式的值为1，然后给 y 赋值1。否则，条件表达式的值为内层条件表达式（x ==0? 0：–1）的值，若 x ==0 成立，则给 y 赋值0；若 x ==0 不成立（即 x < 0），则给 y 赋值 –1。

通过上例可以看出，使用条件表达式可以简化某些选择结构的编程。例如：

```
if( m > n)
    max = m;
else
    max = n;
```

该 if 语句可简化为语句：

```
max = m > n? m:n;
```

（7）求字节数运算符

C 语言的求字节数运算符为 sizeof( )，它是一个单目运算符。其一般形式如下：

sizeof（变量名）

求字节数运算符的功能是，计算并返回括号中变量或类型说明符的字节数。例如：

```
int i,j;
float x;
```

i = sizeof( x) ;/ * sizeof( x) 的值为 4 ,i 的值为 4 * /

j = sizeof( int) ;/ * sizeof( int) 的值为 2 ,j 的值为 2 * /

（8）逗号运算符

C 语言的逗号运算符（,）是个双目运算符。可以利用逗号运算符将几个表达式连接起来构成逗号表达式，其形式如下：

表达式 1，表达式 2，……，表达式 n

逗号运算符的每个表达式的求值是分开进行的，对逗号运算符的表达式不进行类型转换。逗号表达式的求解过程为：先计算表达式 1 的值，然后依次计算表达式 2、表达式 3 等的值，最后计算表达式 n 的值，且表达式 n 的值就是整个逗号表达式的值。例如：

int n, i = 10;

n = i + + , i%3;

先求表达式 n = i + + 的值，结果为 10，同时计算 i + + ，i 的值为 11；然后求表达式 i%3 的值，结果为 2。整个逗号表达式的值为 2。

逗号运算符的优先级最低，请注意如下两个表达式的区别。

n = i + + , i%3

n = ( i + + , i%3)

逗号表达式常用于简化程序的编写。

3. C 语言的循环语句

（1）while 循环语句

格式：while（循环继续的条件表达式）
{
　　　语句组；
}

while 循环语句流程图如图 1-50 所示，while 语句用来实现"当型"循环，执行过程：首先判断表达式，当表达式的值为真（非 0）时，反复执行循环体里的语句组；为假（0）时，跳出 while 循环，执行循环体外面的语句。如果需要表达无限循环运行，可以将"循环继续的条件表达式"写为"1"，例如：

while( 1 )
{
　　　语句组；
}

试分析以下语句段的功能：

main( )
{
　　　int i,sum = 0;
　　　while( i < = 10)
　　　{

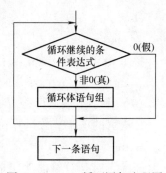

图 1-50　while 循环语句流程图

```
        sum = sum + i;
        i ++ ;
    }
}
```

（2）do – while 循环语句

格式：do

```
    {
        循环体语句组；
    } while （循环继续条件）；
```

do – while 语句用来实现"直到型"循环，执行过程：先无条件执行一次循环体，然后判断"循环继续条件"，当表达式的值为真（非 0）时，返回执行循环体语句组，直到条件表达式为假（0）为止。

试分析以下语句段的功能：

```
main( )
{
    int i, sum = 0;
    do
    {
        sum = sum + i;
        i ++ ;
    } while( i < = 100) ;
}
```

（3）for 循环语句

在总循环次数已确定的情况下，可采用 for 语句，其一般形式如下：

```
    for( 循环变量赋初值；循环继续条件；循环变量增值 )
    {
        循环体语句组；
    }
```

循环变量赋初值：只使用一次。

循环继续条件：相当于 if 语句，只有满足这个条件时才执行花括号里的语句组。

当只有一条语句时，可以不要花括号，for 循环默认执行一条语句组。

循环变量增值：当执行完循环体语句组里的所有语句后，才执行它（如 i ++ ）。

for 循环语句流程图如图 1-51 所示。

试分析以下语句段的功能：

```
main( )
{
    int i, y = 0;
    for( i = 1; i < = 10; i ++ )
    {
```

```
        y = y + i;
    }
}
```

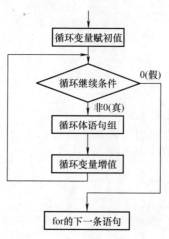

图 1-51　for 循环语句流程图

　　for 循环语句在延时程序中的应用是个很典型的应用实例, 在编写单片机程序时, 常用的延时程序有两种, 即固定延时时间和可变延时时间。

　　1) 固定延时时间子程序:

```
void    delay( )
{
    unsigned char j,k;
    for( k = 0;k < 200;k ++ )
        for( j = 0;j < 200;j ++ );
}
```

该子程序执行 200 ∗ 200 个循环。

　　2) 可变延时时间子程序:

```
void    delay( unsigned char i)
{
    unsigned char j,k;
    for( k = 0;k < i;k ++ )
        for( j = 0;j < 200;j ++ );
}
```

该子程序执行 200 ∗ i 个循环。

当需要延时时, 可以直接调用以上子程序。

　　(4) if 语句和 goto 语句

goto 语句只能构成简单循环, 一般与 if 语句一起可以实现当型和直到型循环。

　　1) 当型循环。

loop:if( 表达式)

```
    {
        语句;
        goto loop;
    }
```

2）直到型循环。

```
loop:
    {
        语句;
        if(表达式)goto loop;
    }
```

一个 C 语言源程序是由一个或若干个函数组成的，每一个函数完成相对独立的功能。每个 C 程序都必须有（且仅有）一个主函数 main()，程序的执行总是从主函数开始，调用其他函数后返回主函数 main()，不管函数的排列顺序如何，最后都是在主函数中结束整个程序。

C 语言程序使用 ";" 作为语句的结束符，一条语句可以多行书写，也可以一行书写多条语句。如果一行书写多条语句，语句与语句间用空格隔开。

为了方便阅读和今后修改等，经常在程序中加入注释。注释可以写成 "//……" 或 "/*……*/" 的形式，前一种写法只能注释一行，当换行时要在新行重新加 "//"，后一种写法可以注释任意多行，即 "/*" 与 "*/" 间的所有内容均作为注释。

根据本节系统功能的要求，可以用以下程序实现。

编程方法一：无限循环运行用 while 循环语句实现，其 "循环继续的条件表达式" 写为 "1"，每个延时均用 for 循环语句实现。参考程序如下：

```c
#include  <reg51.h>
void main()
{
    unsigned char j,k;
    while(1)
    {
        P2 = 0xfe;
        for(k = 0;k < 200;k ++)
            for(j = 0;j < 200;j ++);
        P2 = 0xfd;
        for(k = 0;k < 200;k ++)
            for(j = 0;j < 200;j ++);
        P2 = 0xfb;
        for(k = 0;k < 200;k ++)
            for(j = 0;j < 200;j ++);
        P2 = 0xf7;
        for(k = 0;k < 200;k ++)
            for(j = 0;j < 200;j ++);
```

```
        P2 = 0xef;
        for( k = 0 ; k < 200 ; k ++ )
            for( j = 0 ; j < 200 ; j ++ );
        P2 = 0xdf;
        for( k = 0 ; k < 200 ; k ++ )
            for( j = 0 ; j < 200 ; j ++ );
        P2 = 0xbf;
        for( k = 0 ; k < 200 ; k ++ )
            for( j = 0 ; j < 200 ; j ++ );
        P2 = 0x7f;
        for( k = 0 ; k < 200 ; k ++ )
            for( j = 0 ; j < 200 ; j ++ );
    }
}
```

编程方法二：无限循环运行用 while 循环语句实现，其"循环继续的条件表达式"写为"1"，每个延时通过调用固定延时子程序实现。参考程序如下：

```
#include  <reg51. h >
void   delay( )
{
    unsigned char j,k;
    for( k = 0 ; k < 200 ; k ++ )
        for( j = 0 ; j < 200 ; j ++ );
}
void main( )
{
    while(1)
    {
        P2 = 0xfe;
        delay( );
        P2 = 0xfd;
        delay( );
        P2 = 0xfb;
        delay( );
        P2 = 0xf7;
        delay( );
        P2 = 0xef;
        delay( );
        P2 = 0xdf;
        delay( );
```

```
        P2 = 0xbf;
        delay();
        P2 = 0x7f;
        delay();
      }
  }
```

编程方法三：无限循环运行用 while 循环语句实现，其"循环继续的条件表达式"写为"1"，每个延时通过调用可变延时子程序实现。参考程序如下：

```
#include <reg51.h>
void  delay(unsigned char i)
{
     unsigned char j,k;
     for(k = 0;k < i;k ++)
        for(j = 0;j < 200;j ++);
}
void main()
{
   while(1)
    {
     P2 = 0xfe;
     delay(200);
     P2 = 0xfd;
     delay(200);
     P2 = 0xfb;
     delay(200);
     P2 = 0xf7;
     delay(200);
     P2 = 0xef;
     delay(200);
     P2 = 0xdf;
     delay(200);
     P2 = 0xbf;
     delay(200);
     P2 = 0x7f;
     delay(200);
    }
}
```

编程方法四：通过循环移位函数实现数据循环移动，从而实现 8 个发光二极管循环亮灭。参考程序如下：

```
#include <reg51.h>
#include <intrins.h>
void    delay( )
{
    unsigned char j,k;
    for( k = 0;k < 200;k ++ )
        for( j = 0;j < 200;j ++ );
}
void main( )
{
    P2 = 0xfe;
    while(1)
    {
        delay( );
        P2 = _crol_ ( P2,1);
    }
}
```

本编程方法用到的循环左移函数 _crol_ ( ) 在头文件 intrins. h 内,所以需要在程序开头加" #include <intrins. h >",将该头文件包含进来。

**知识点学习3:常见头文件**

(1) 头文件 intrins. h

在 C51 单片机编程中,头文件 intrins. h 的函数使用起来就像在用汇编语言进行编程时一样简便。intrins. h 库函数主要有 8 个功能函数,分别如下:

_crol_   :字符循环左移;

_cror_   :字符循环右移;

_irol_   :整数循环左移;

_iror_   :整数循环右移;

_lrol_   :长整数循环左移;

_lror_   :长整数循环右移;

_nop_    :空操作,相当于 8051 的 NOP 指令;

_testbit_   :测试并清零位,相当于 8051 的 JBC 指令。

1) 函数名:_crol_ 、_irol_ 、_lrol_ 。

原型:unsigned char _crol_ ( unsigned char val, unsigned char n);

unsigned int _irol_ ( unsigned int val, unsigned char n);

unsigned long _lrol_ ( unsigned long val, unsigned char n);

功能:_crol_ 、_irol_ 、_lrol_ 以位形式将数据 val 循环左移 n 位,该函数与 8051 "RLA" 指令一致,上面几个函数对应于不同的参数类型。

实例1:

#include <reg51.h>

```
#include  < intrins. h >
main( )
{
    unsigned char y;
    y = 0x05;//y = 0x05,二进制数为 0000 0101
    y = _crol_(y,1);//y = 0x0a,二进制数为 0000 1010
}
```

实例 2:

```
#include  < reg51. h >
#include  < intrins. h >
main( )
{
    unsigned int y;
    y = 0x00ff;           //y = 0x00ff,二进制数为 0000 0000 1111 1111
    y = _irol_(y,4);   //y = 0x0ff0,二进制数为 0000 1111 1111 0000
}
```

实例 3:

```
#include  < reg51. h >
#include  < intrins. h >
main( )
{
unsigned long y;
y = 0x00ff00ff;   //y = 0x00ff 00ff,二进制数为 0000 0000 1111 1111 0000 0000 1111 1111
y = _lrol_(y,4);//y = 0x0ff00ff0,二进制数为 0000 1111 1111 0000 0000 1111 1111 0000
}
```

2) 函数名: _cror_ 、_iror_ 、_lror_ 。

原型: unsigned char _cror_(unsigned char val,unsigned char n);

　　　unsigned int _iror_(unsigned int val,unsigned char n);

　　　unsigned long _lror_(unsigned long val,unsigned char n);

功能: _cror_ 、_iror_ 、_lror_ 以位形式将数据 val 右移 n 位,该函数与 8051 "RRA" 指令一致,上面几个函数对应于不同的参数类型。

实例 4:

```
#include  < reg51. h >
#include  < intrins. h >
main( )
{
    unsigned char y;
    y = 0xf5;//y = 0xf5,二进制数为 1111 0101
    y = _cror_(y,1);//y = 0xfa,二进制数为 1111 1010
```

```
}
```

实例 5：
```
#include  < reg51. h >
#include  < intrins. h >
main( )
{
   unsigned int y;
   y = 0x00ff;            //y = 0x00ff，二进制数为 0000 0000 1111 1111
   y = _iror_(y,4);      //y = 0x f00f,二进制数为 1111 0000 0000 1111
}
```

实例 6：
```
#include  < reg51. h >
#include  < intrins. h >
main( )
{
unsigned long y;
y = 0x00ff00ff;//y = 0x00ff 00ff,二进制数为 0000 0000 1111 1111 0000 0000 1111 1111
y = _lror_(y,4);//y = 0xf00ff00f,二进制数为 1111 0000 0000 1111 1111 0000 0000 1111
}
```

3）函数名：_nop_ 。

原型：void_nop_(void);

功能：_nop_产生一个 NOP 指令，该函数可用于 C 程序的时间比较。C51 编译器在_nop_函数工作期间不产生函数调用，即在程序中直接执行 NOP 指令。

实例 7：
```
#include  < reg51. h >
#include  < intrins. h >
sbit P10 = P1^0;
main( )
{
   P10 = 1;
   _nop_( );
   P10 = 0;
   _nop_( );
}
```

4）函数名：_testbit_。

原型：bit _testbit_(bit x);

功能：_testbit_产生一个 JBC 指令，该函数测试一个位，当该位为 1 时返回 1，否则返回 0。如果该位为 1，同时需将该位复位为 0。

_testbit_只能用于可直接寻址的位，如果在表达式中使用是不允许的。

（2）头文件 math. h

math. h 为浮点运算库，主要包括以下功能函数：

float asin( float x)，以弧度形式返回 x 的反正弦值；

float acos( float x)，以弧度形式返回 x 的反余弦值；

float atan( floatx)，以弧度形式返回 x 的反正切值；

float atan2( float x, float y)，返回 y/x 的反正切值；

float ceil( float x)，返回对应 x 的一个整型数，小数部分四舍五入；

float cos( float x)，返回以弧度形式表示的 x 的余弦值；

float cosh( float x)，返回 x 的双曲余弦函数值；

float exp( float x)，返回以 e 为底的 x 的幂，即 $e^x$；

float exp10( float x)，返回以 10 为底的 x 的幂，即 $10^x$；

floatfabs( float x)，返回 x 的绝对值；

float floor( float x)，返回不大于 x 的最大整数；

float fmod( float x, float y)，返回 x/y 的余数；

float frexp( float x, int * pexp)，把浮点数 x 分解成尾数和指数，即如式子 $x = y * 2^n$ 的表示形式。式中 y 为尾数，它的范围为 0.5 ~ 1，其值由函数返回；n 为指数，其值存放于 pexp 指向的变量中；

float fround( float x)，返回最接近 x 的整型数；

float ldexp( float x, int exp)，装载浮点数，即返回 $x * 2^{exp}$；

float log( float x)，返回 x 的自然对数；

float log10( float x)，返回以 10 为底的 x 的对数；

float modf( float x, float * pint)，把浮点数分解成整数部分和小数部分，整数部分存放到 pint 指向的变量，小数部分应当大于或等于 0 而小于 1，并且作为函数返回值返回；

float pow( float x, float y)，返回 $x^y$ 值；

float sqrt( float x)，返回 x 的二次方根；

float sin( float x)，返回以弧度形式表示的 x 的正弦值；

float sinh( float x)，返回 x 的双曲正弦函数值；

float tan( float x)，返回以弧度形式表示的 x 的正切值；

float tanh( float x)，返回 x 的双曲正切函数值。

（3）头文件 ctype. h

ctype. h 为字符类型库，主要包括以下功能函数：

int isalnum( int c)：如果 c 是数字或字母，返回非零数值，否则返回零；

int isdigit( int c)：如果 c 是数字，返回非零数值，否则返回零；

int isgraph( int c)：如果 c 是一个可打印字符而非空格，返回非零数值，否则返回零；

int islower( int c)：如果 c 是小写字母，返回非零数值，否则返回零；

int isprint( int c)：如果 c 是一个可打印字符，返回非零数值，否则返回零；

int ispunct( int c)：如果 c 是一个可打印字符而不是空格数字或字母，返回非零数值，否则返回零；

int isspace(int c)：如果 c 是一个空格字符（空格字符包括空格、CR、FF、HT、NL 和 VT 等），返回非零数值，否则返回零；

int isupper(int c)：如果 c 是大写字母，返回非零数值，否则返回零；

int isxdigit(int c)：如果 c 是十六进制数字，返回非零数值，否则返回零；

int tolower(int c)：如果 c 是大写字母，则返回 c 对应的小写字母，其他类型仍然返回 c；

int toupper(int c)：如果 c 是小写字母，则返回 c 对应的大写字母，其他类型仍然返回 c。

（4）头文件 string.h

string.h 为字符串函数库，主要包括以下功能函数：

void * memchr(void * s, int c, size_t n)：在字符串 s 中搜索 n 个字节，寻找与 c 相同的字符，如果成功找到则返回其在 s 中的地址指针，否则返回空指针；

int memcmp(void * s1, void * s2, size_t n)：对字符串 s1 和 s2 的前 n 个字符进行比较，如果相同则返回 0，如果 s1 中字符大于 s2 中字符则返回 1，如果 s1 中字符小于 s2 中字符则返回 -1；

void * memcpy(void * s1, void * s2, size_t n)：复制 s2 中 n 个字符至 s1，但复制区不可以重叠；

void * memmove(void * s1, void * s2, size_t n)：复制 s2 中 n 个字符至 s1，返回 s1，其与 memcpy 基本相同但复制区可以重叠；

void * memset(void * s, int c, size_t n)：在 s 所指向的某一块内存填充 n 个字节的 c，并返回 s；

char * strcat(char * s1, char * s2)：将 s2 指向的字符串复制到 s1 指向的字符串的后面，并返回 s1；

char * strchr(char * s, int c)：在 s 字符串中搜索第一个出现的字符 c 的地址，如果找到则返回字符 c 出现的地址，如果没有找到则返回 NULL；

int strcmp(char * s1, char * s2)：比较两个字符串，如果相同则返回 0，如果 s1 > s2 则返回 1，如果 s1 < s2 则返回 -1；

char * strcpy(char * s1, char * s2)：复制字符串 s2 至字符串 s1，并返回 s1；

size_t strcspn(char * s1, char * s2)：顺序在字符串 s1 中搜寻与 s2 中第一个字符相同的字符，并返回这个字符在 s1 中第一次出现的位置；

size_t strlen(char * s)：返回字符串 s 的长度，不包括结束 NULL 字符；

char * strncat(char * s1, char * s2, size_t n)：复制字符串 s2 中 n 个字符到 s1，如果 s2 长度比 n 小则只复制 s2，并返回 s1；

int strncmp(char * s1, char * s2, size_t n)：基本和 strcmp 函数相同但其只比较前 n 个字符；

char * strncpy(char * s1, char * s2, size_t n)：基本和 strcpy 函数相同但其只复制前 n 个字符；

char * strpbrk(char * s1, char * s2)：基本和 strcspn 函数相同，但它返回的是该字符在 s1 中第一次出现的地址指针，否则返回空指针；

char＊strrchr(char＊s，int c)：在字符串 s 中搜索最后出现的字符 c 并返回它的指针，否则返回空指针；

size_t strspn(char＊s1，char＊s2)：在字符串 s1 中搜索与字符串 s2 不匹配的第一个字符，返回 s1 中找到的第一个不匹配字符的地址；

char＊strstr(char＊s1，char＊s2)：在字符串 s1 中查找与 s2 匹配的子字符串，如果找到则返回 s1 中该子字符串的地址指针，否则返回空指针。

（5）头文件 stdio. h

stdio. h 为标准输入输出库函数，标准输入输出库为底层 I/O 系统调用提供了一个通用的接口，这个库现在已经成为 ANSI 标准 C 的一部分。标准输入输出库提供了许多复杂的函数，用于格式化输出和扫描输入，同时还负责提供满足设备的缓冲需求。在用 C 语言编程时，需要在终端进行字符串的读取与显示，用得较多的是 printf( )、getchar( )、putchar( )、puts( ) 等函数。在 Keil C51 中用到这些功能时，默认使用单片机串口 UART 进行输入输出。

int getchar( )：使用查寻方式从 UART 返回一个字符。

int printf(char＊fmt，.. )：按 fmt 指向的格式字符串所规定的格式输出。标准格式主要有如下形式：

％d：输出有符号十进制整数；

％o：输出无符号八进制整数；

％x：输出无符号十六进制整数，10~15 用小写字母 'a'~'f' 表示；

％X：输出无符号十六进制整数，10~15 用大写字母 'A'~'F' 表示；

％u：输出无符号十进制整数；

％s：输出一个以空字符结束的字符串；

％c：以 ASCII 字符形式输出一个字符；

％f：以小数形式输出浮点数；

％S：输出在 FLASH 存储器中的字符串常量。

printf 支持三种类型的数据，根据需要选择对应的类型：

基本型:％c、％d、％x、％u 和％s。

长整型:％ld、％lu 和％lx，该类型可提供较高的精度。

浮点型:％f 。

int putchar(int c)：输出单个字符，这个库函数以查寻方式通过 UART 输出单个字符。

int puts(char＊s)：输出以 NL 结尾的字符串。

int sprintf(char＊buf，char＊fmt)：按照规定的格式，输出字符串 fmt 到 buf 指定的缓冲区。

## 1. 2. 3　系统仿真与调试

在 Keil μVision2 环境下编好程序，在 Proteus7. 5 SP3 仿真软件下画好仿真图，然后将编译好的程序放到仿真图中进行仿真调试，仿真运行情况满足系统要求。其仿真效果图如图 1-52、图 1-53 所示。

根据系统原理图制作出实物，完成实物的调试与测试，实物运行效果也正确。

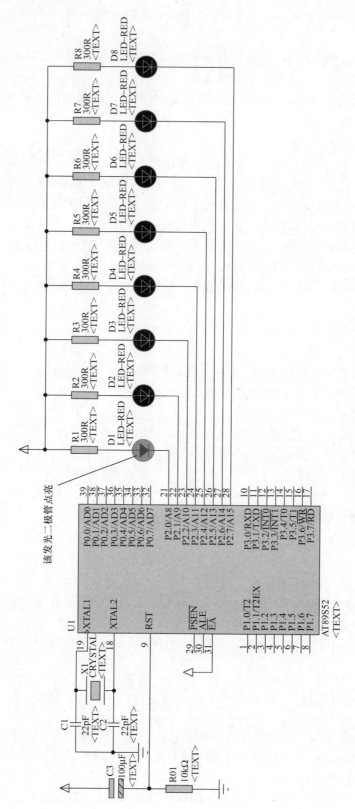

图1-52 发光二极管循环显示控制系统仿真图1

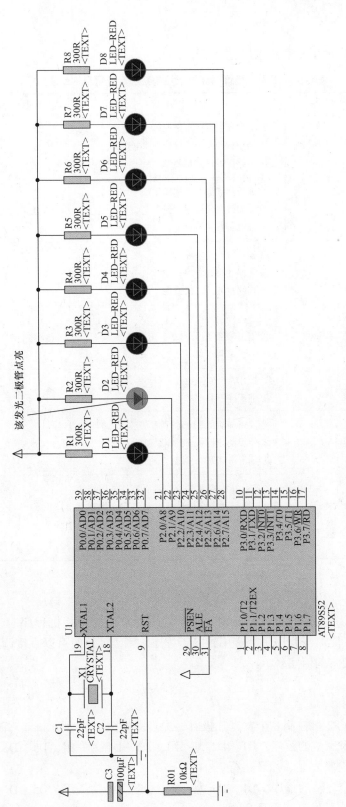

图1-53 发光二极管循环显示控制系统仿真图2

## 【项目检查与评估】

根据项目完成情况,按照表 1-18 进行评价。

**表1-18 发光二极管循环显示控制系统运行项目评价表**

| 考核项目 | 考核内容 | 技 术 要 求 | 评分标准 | 得分 | 备注 |
|---|---|---|---|---|---|
| 硬件设计 | 系统电气电路设计 | ① 能根据控制要求选取单片机型号<br>② 能根据控制要求设计外围电路<br>③ 电路图设计满足要求,系统可靠稳定 | 20分 | | |
| | Proteus 仿真图的绘制 | ① 能根据任务要求选择元器件<br>② 元器件布局合理、美观<br>③ 连线正确、美观 | 15分 | | |
| | 系统焊接 | ① 操作符合安全规范<br>② 元器件布置合理<br>③ 连线整齐,工艺美观 | 20分 | | |
| 软件设计 | 程序编写调试 | ① 能正确输入程序<br>② 能正确编译程序<br>③ 能正确调试程序 | 15分 | | |
| | 程序下载 | ① 操作符合安全规范<br>② 能正确下载程序 | 10分 | | |
| 系统调试 | 运行调试 | ① 能正确演示系统运行情况<br>② 能准确分析系统工作原理<br>③ 能解决遇到的问题 | 10分 | | |
| 职业素质 | 职业素质 | 具备良好的职业素养,具有良好的团结协作、语言表达及自学能力,具备安全操作意识、环保意识等 | 10分 | | |
| 评 价 结 果 | | | | | |

## 【项目总结】

跑马灯是比较简单实用的单片机控制系统,在编写 C 语言单片机程序时,要符合 C 语言程序的编程规则,延时子程序是经常用到的子程序,当需要用时可以直接调用,要改变延时时间可以通过改变量的值实现。

## 【练习与训练】

一、AT89S52 的 P2 口控制 8 个发光二极管,原理图如图 1-17 所示。

1. 要求编写一个完整的程序,D1、D2 为一组,D3、D4 为一组,D5、D6 为一组,D7、D8 为一组,使四组交替发亮,循环运行。

2. 要求编写一个完整的程序,D1、D3 为一组,D2、D4 为一组,D5、D7 为一组,D6、D8 为一组,使四组交替发亮,循环运行。

3. 要求编写一个完整的程序，D1、D2、D3、D4 为一组，D5、D6、D7、D8 为一组，使两组交替发亮，循环运行。

4. 要求编写一个完整的程序，D1、D3、D5、D7 为一组，D2、D4、D6、D8 为一组，使两组交替发亮，循环运行。

二、请按要求编写以下延时子程序。

1. 用 for 循环语句编写一个延时子程序，要求能执行 50000 条循环语句的固定程序。

2. 用 for 循环语句编写一个延时子程序，要求能执行 250×i 条循环语句的程序。

3. 用 for 循环语句编写一个延时子程序，要求能执行 50000×i 条循环语句的程序。

# 项目 2　数码管控制系统的设计与制作

数码管是一种以发光二极管为基本单元的半导体发光器件。通过对其不同的管脚输入相应的电流，会使其发亮，从而显示出对应的数字，它能够显示时间、日期、温度等所有可用数字表示的参数。由于它的价格便宜、使用简单，目前已广泛应用于人们的日常生活中，比如电子秤、电子数码钟、空调、热水器、冰箱等的显示都是利用数码管实现。本项目将对数码管控制系统进行详细分析和设计。

## 2.1　数码管静态显示控制系统设计及制作

### 【任务描述】

设计一个数码管控制系统，控制两个数码管依次亮"00""11"…"99"，并循环运行。

### 【任务能力目标】

1. 通过对数码管控制系统的设计与制作，进一步认识电子产品设计制作的基本流程；
2. 进一步进行单片机控制系统的原理图绘制，焊接连线；
3. 进一步进行编程软件的操作编程，熟悉单片机的内部结构；
4. 熟悉数码管显示数字的原理；
5. 掌握单片机控制系统的连线及焊接方法；
6. 掌握静态显示数码管的控制方法；
7. 熟悉单片机的内部结构。

### 【完成任务的计划决策】

本系统只需要控制显示两个数码管，单片机 AT89S52 有 4 个并行 I/O 口，所以可以用 AT89S52 作为主控制芯片，用两个并行口分别驱动两个数码管，再加上外围元器件组成完整的控制系统，然后编程实现其相应功能。

### 【实施过程】

### 2.1.1　系统硬件设计

本系统的硬件采用模块化设计，以单片机控制器为核心，与数码管显示电路等组成数码管显示控制系统。该系统硬件主要包括单片机主控模块、数码管显示模块等。其中，单片机主控模块主要完成外围硬件的控制以及一些运算功能，数码管显示模块完成字符、数字的显示功能。数码管显示控制系统硬件组成框图如图 2-1 所示。

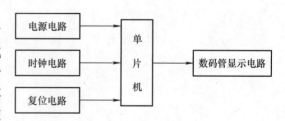

图 2-1　数码管显示控制系统硬件组成框图

根据系统要求，用 P0 口控制第一个数码管、P2 口控制第二个数码管，共阳极数码管的公共端接 5V 电源端，段选接 300Ω 的分压电阻再连接到单片机的 I/O 口，设计出对应的控制系统电路图如图 2-2 所示。

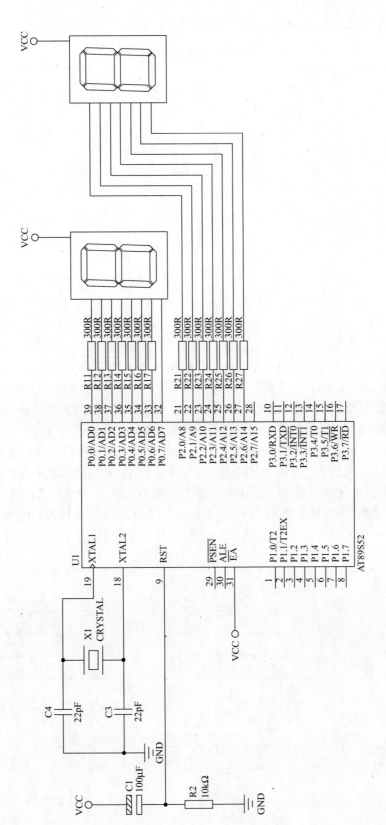

图2-2　数码管控制系统电路图

由图 2-2 可知，本系统需要的元器件清单见表 2-1。

表 2-1　数码管控制系统元器件清单

| 序　号 | 名　　称 | 型　　号 | 数　量 | 说　　明 |
|---|---|---|---|---|
| 1 | 单片机 | AT89S52 | 1 个 | |
| 2 | IC 座 | 40P | 1 个 | |
| 3 | 晶振 | 12MHz，直插 | 1 个 | 晶振电路 |
| 4 | 瓷片电容 | 22pF，直插 | 2 个 | |
| 5 | 电解电容 | 100μF/16V，直插 | 1 个 | 复位电路 |
| 6 | 直插电阻 | 10kΩ，1/4W | 1 个 | |
| 7 | 直插电阻 | 300Ω，1/4W | 16 个 | 数码管分压电阻 |
| 8 | 单位数码管 | 0.56in[①]，共阳 | 2 个 | |
| 9 | 电路板 | | 1 块 | |

① 1in = 0.0254m。

**知识点学习：**

LED 数码管是由多个发光二极管封装在一起组成的"8"字形的器件，其引线已在内部连接完成，只需引出它们的各个笔画、公共电极即可。LED 数码管的常用段数一般为 7 段，有的另加一个小数点为 8 段，按发光二极管单元连接方式不同可分为共阳极数码管和共阴极数码管。共阳极数码管是指将所有发光二极管的阳极接到一起形成公共阳极（COM）的数码管。共阳极数码管在应用时应将公共极 COM 接到 +5V，当某一字段发光二极管的阴极为低电平时，相应字段就点亮；当某一字段的阴极为高电平时，相应字段就不亮。共阴极数码管是指将所有发光二极管的阴极接到一起形成公共阴极（COM）的数码管。共阴极数码管在应用时应将公共极 COM 接到地线 GND 上，当某一字段发光二极管的阳极为高电平时，相应字段就点亮；当某一字段的阳极为低电平时，相应字段就不亮。数码管内部结构图如图 2-3 所示。

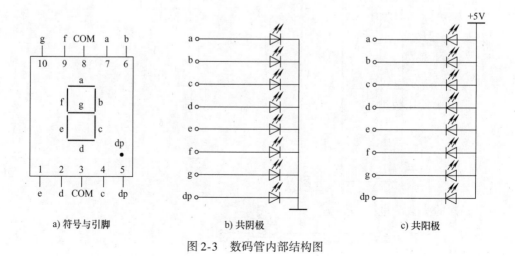

a) 符号与引脚　　　　b) 共阴极　　　　c) 共阳极

图 2-3　数码管内部结构图

## 2.1.2　系统软件设计

**知识点学习1：**

1. 数码管数字显示的编码

对共阳极数码管来说，其8个发光二极管的正极（阳极）在数码管内部全部连接在一起，所以称为"共阳"，而它们的阴极是独立的。在设计电路的时候一般把阳极接高电平，当给数码管的任一个阴极加一个低电平时，对应的这个发光二极管就点亮了。如果想要显示出一个"8"字，并且把右下角的小数点也点亮的话，可以给8个阴极全部送低电平；如果想让它显示出一个"0"字，那么可以给"g、dp"这两位送高电平，其余引脚全部送低电平，这样它就显示出"0"字了。想让它显示几，就给对应的发光二极管送低电平，因此在显示数字的时候首先需要做到的就是给0~9这几个数字编码，在要它显示什么数字的时候直接把这个编码送到它的阴极就可以了。如果用P0口来接一个共阳极数码管，并且P0.0~P0.7依次接数码管的a、b、c、d、e、f、g、dp段，则对应的代码关系见表2-2。

表2-2　共阳极数码管编码表

| 显示数 | P0.7(g) | P0.6(f) | P0.5(a) | P0.4(b) | P0.3(e) | P0.2(d) | P0.1(c) | P0.0(dp) | 代码 |
|---|---|---|---|---|---|---|---|---|---|
| 0 | 1 | 0 | 0 | 0 | 0 | 0 | 0 | 1 | 81H |
| 1 | 1 | 1 | 1 | 0 | 1 | 1 | 0 | 1 | EDH |
| 2 | 0 | 1 | 0 | 0 | 0 | 0 | 1 | 1 | 43H |
| 3 | 0 | 1 | 0 | 0 | 1 | 0 | 0 | 1 | 49H |
| 4 | 0 | 0 | 1 | 0 | 1 | 1 | 0 | 1 | 2DH |
| 5 | 0 | 0 | 0 | 1 | 1 | 0 | 0 | 1 | 19H |
| 6 | 0 | 0 | 0 | 1 | 0 | 0 | 0 | 1 | 11H |
| 7 | 1 | 1 | 0 | 0 | 1 | 1 | 0 | 1 | CDH |
| 8 | 0 | 0 | 0 | 0 | 0 | 0 | 0 | 1 | 01H |
| 9 | 0 | 0 | 0 | 0 | 1 | 0 | 0 | 1 | 09H |

常用的0.56in共阳极数码管有10个引脚，其中两个是公共端，对应数码管的阳极，另外8个对应8个LED（分别是a、b、c、d、e、f、g、dp段）的阴极。其引脚图如图2-4所示。如果实际电路中引脚的连接不是按表2-2的顺序排列的，则对应的代码会不一样，所以在编程时要根据实际电路来分析，否则显示的数据会不正确。

2. C语言的数组

一维数组的定义方式：

在C语言中使用数组必须先进行定义。一维数组的定义方式为：

类型说明符　数组名　［常量表达式］；

其中，类型说明符是任一种基本数据类型或构造数据类型。数组名是用户定义的数组标识符。方括号中的常量表达式表示数据元素的个数，也称为数组的长度。

例如：

int a［10］；说明整型数组a有10个元素。

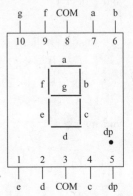

图2-4　0.56in数码管引脚图

float b[10]，c[20]；说明实型数组 b 有 10 个元素，实型数组 c 有 20 个元素。

char ch[20]；说明字符数组 ch 有 20 个元素。

对于数组类型说明应注意以下几点：

1）数组的类型实际上是指数组元素的取值类型。对于同一个数组，其所有元素的数据类型都是相同的。

2）数组名的书写规则应符合标识符的书写规定。

3）数组名不能与其他变量名相同。

4）方括号中的常量表达式表示数组元素的个数，如 a[5] 表示数组 a 有 5 个元素。但是其方括号里的标号从 0 开始计算，因此 5 个元素分别为 a[0]、a[1]、a[2]、a[3]、a[4]。

5）不能在方括号中用变量来表示元素的个数，但是可以是符号常数或常量表达式。

6）允许在同一个类型说明中说明多个数组和多个变量。

一维数组的初始化：

给数组赋值的方法除了用赋值语句对数组元素逐个赋值外，还可以采用初始化赋值和动态赋值的方法。

数组初始化赋值是指在数组定义时给数组元素赋予初值。数组初始化是在编译阶段进行的，这样将减少运行时间，提高效率。

初始化赋值的一般形式为：

类型说明符　数组名[常量表达式] = {值,值,……,值}；

其中在 {} 中的各数据值即为各元素的初值，各值之间用逗号间隔。

例如：

int　a[10] = {0,1,2,3,4,5,6,7,8,9}；

相当于

a[0] = 0;a[1] = 1;…;a[9] = 9

程序设计：

根据系统要求，程序设计流程图如图 2-5 所示。

C 语言源程序编程参考如下：

编程方法一：

```
#include  <reg51. h>
void   delay( )
{
    unsigned char j,k;
    for(k =0;k <200;k ++ )
      for(j =0;j <200;j ++ );
}
void main( )
{
  while(1)
  {
  P0 = 0xc0;
```

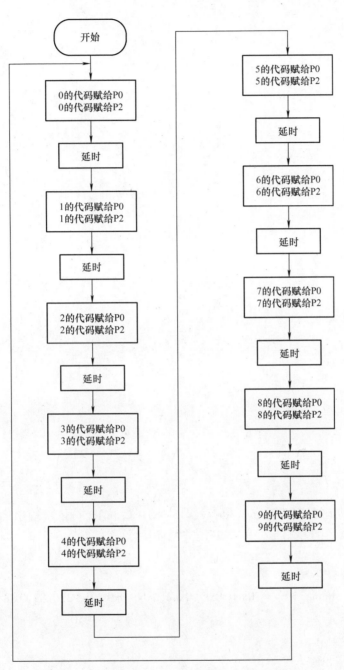

图 2-5　静态数码管显示控制系统程序设计流程图

P2 = 0xc0；
delay（ ）；
P0 = 0xf9；
P2 = 0xf9；
delay（ ）；
P0 = 0xa4；
P2 = 0xa4；

```
        delay( );
        P0 = 0xb0;
        P2 = 0xb0;
        delay( );
        P0 = 0x99;
        P2 = 0x99;
        delay( );
        P0 = 0x92;
        P2 = 0x92;
        delay( );
        P0 = 0x82;
        P2 = 0x82;
        delay( );
        P0 = 0xf8;
        P2 = 0xf8;
        delay( );
        P0 = 0x80;
        P2 = 0x80;
        delay( );
        P0 = 0x90;
        P2 = 0x90;
        delay( );
        }
    }
```

该方法用到了延时子程序 void  delay( )，对 P0 口和 P2 口依次输送代码，从而实现让两个数码管依次亮"00""11"…"99"，并循环运行。

编程方法二:

```
#include  < reg51. h >
unsigned char shuma[10] = {0xc0,0xf9,0xa4,0xb0,0x99,0x92,0x82,0xf8,0x80,0x90};
void   delay( )
{
    unsigned char j,k;
    for( k = 0;k < 200;k ++ )
        for( j = 0;j < 200;j ++ );
}
void main( )
{
    while(1)
    {
    P0 = shuma[0];
```

```
        P2 = shuma[0];
        delay();
        P0 = shuma[1];
        P2 = shuma[1];
        delay();
        P0 = shuma[2];
        P2 = shuma[2];
        delay();
        P0 = shuma[3];
        P2 = shuma[3];
        delay();
        P0 = shuma[4];
        P2 = shuma[4];
        delay();
        P0 = shuma[5];
        P2 = shuma[5];
        delay();
        P0 = shuma[6];
        P2 = shuma[6];
        delay();
        P0 = shuma[7];
        P2 = shuma[7];
        delay();
        P0 = shuma[8];
        P2 = shuma[8];
        delay();
        P0 = shuma[9];
        P2 = shuma[9];
        delay();
        }
    }
```

该方法创建数组程序 unsigned char shuma[10]，建立 10 个数组，每延时一段时间，系统从数组中提取一组数输送到 P0 口和 P2 口，从而实现让两个数码管依次亮 "00" "11" … "99"，并循环运行。

编程方法三：

```
#include <reg51.h>
unsigned char shuma[10] = {0xc0,0xf9,0xa4,0xb0,0x99,0x92,0x82,0xf8,0x80,0x90};
void    delay()
{
    unsigned char j,k;
```

```
    for( k = 0 ; k < 200 ; k ++ )
        for( j = 0 ; j < 200 ; j ++ ) ;
}
void main( )
{
  unsigned char m;
  while( 1 )
  {
      for( m = 0 ; m < 10 ; m ++ )
      {
        P0 = shuma[ m ] ;
        P2 = shuma[ m ] ;
        delay( ) ;
      }
  }
}
```

该方法直接在主程序中做一个嵌套循环，每循环一次从数组中提取相应的一组数，实现数码管的依次显示。

编程方法四：

```
#include  < reg51. h >
unsigned char shuma[ 10 ] = {0xc0 ,0xf9 ,0xa4 ,0xb0 ,0x99 ,0x92 ,0x82 ,0xf8 ,0x80 ,0x90};
void   delay( )
{
    unsigned char j,k;
    for( k = 0 ; k < 200 ; k ++ )
      for( j = 0 ; j < 200 ; j ++ ) ;
}
void main( )
{
    unsigned char m;
    m = 0 ;
    while( 1 )
    {
        P0 = shuma[ m ] ;
        P2 = shuma[ m ] ;
        delay( ) ;
        m ++ ;
        if( m > = 10 ) m = 0 ;
    }
}
```

该方法在主程序的循环中采用 m ++ ，从而不用嵌套循环也可实现系统的功能。

**知识点学习 2：选择语句**

在 C 语言程序中，用 if 语句可以构成分支结构。它根据给定的条件进行判断，以决定执行某个分支程序段。C 语言的 if 语句有三种基本形式。

1. 基本形式：if

格式：if（表达式）语句

其含义是：如果表达式的值为真，则执行其后的语句，否则不执行该语句。其过程如图 2-6 所示。

2. if – else

格式：

if（表达式）

　　语句 1；

else

　　语句 2；

其含义是：如果表达式的值为真，则执行语句 1，否则执行语句 2。其过程如图 2-7 所示。

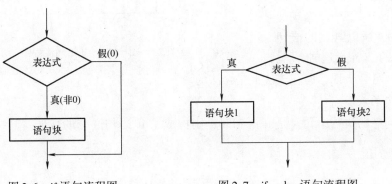

图 2-6　if 语句流程图　　　　图 2-7　if – else 语句流程图

3. if – else – if 形式

前两种形式的 if 语句一般都用于两个分支的情况。当有多个分支选择时，可采用 if – else – if 语句，其一般格式为：

if( 表达式 1 )

　　语句 1；

else　if( 表达式 2 )

　　语句 2；

else　if( 表达式 3 )

　　语句 3；

　　……

else　if( 表达式 m )

　　语句 m；

else

　　语句 n;

　　其含义是: 依次判断表达式的值, 当出现某个值为真时, 则执行其对应的语句, 然后跳到整个 if 语句之外继续执行程序。如果所有的表达式均为假, 则执行语句 n, 然后继续执行后续程序。if – else – if 语句的执行过程如图 2-8 所示。

　　在使用 if 语句时还应注意以下问题:

　　在三种形式的 if 语句中, 在 if 关键字之后均为表达式。该表达式通常是逻辑表达式或关系表达式, 但也可以是其他表达式, 如赋值表达式等, 甚至也可以是一个变量。例如:

　　if( a = 5) 语句;

　　if( b) 语句;

都是允许的。只要表达式的值为非 0, 即为 "真"。如在 "if (a = 5) ……" 中表达式的值永远为非 0, 所以其后的语句总是要执行的, 当然这种情况在程序中不一定会出现, 但在语法上是合法的。

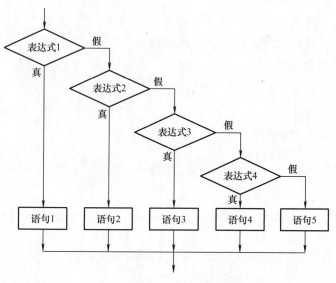

图 2-8　if – else – if 语句流程图

**4. if 语句的嵌套**

　　当 if 语句中的执行语句又是 if 语句时, 则构成了 if 语句嵌套的情形。其一般格式可表示如下:

　　if( 表达式)

　　　　if 语句;

　　或者为:

　　if( 表达式)

　　　　if 语句;

　　else

　　　　if 语句;

　　在嵌套内的 if 语句可能又是 if – else 型的, 这将会出现多个 if 和多个 else 重叠的情况, 这时要特别注意 if 和 else 的配对问题。例如:

　　if( 表达式 1)

　　　　if( 表达式 2)

　　　　　　语句 1;

　　　　else

　　　　　　语句 2;

　　其中的 else 究竟是与哪一个 if 配对呢? 应该理解为:

```
if(表达式1)
{
    if(表达式2)
        语句1;
    else
        语句2;
}
```

还是应理解为:

```
if(表达式1)
{
    if(表达式2)
        语句1;
}
else
    语句2;
```

为了避免这种二义性, C 语言规定, else 总是与它前面最近的 if 配对, 因此对上述例子应按前一种情况理解。

5. switch/case 语句

switch/case 语句也是一种选择分支语句, 其一般格式如下:

```
switch(表达式)
    {
        case 常量表达式1:语句1; break;
        case 常量表达式2:语句2; break;
        ……
        case 常量表达式n:语句n; break;
        default:语句 n + 1;
    }
```

含义为: 计算表达式的值, 并逐个与其后的常量表达式值相比较, 当表达式的值与某个常量表达式的值相等时, 即执行其后的语句, 然后不再进行判断, 继续执行后面所有 case 后的语句。当表达式的值与所有 case 后的常量表达式均不相同时, 则执行 default 后的语句。

在使用 switch 语句时还应注意以下几点:

1) 在 case 后的各常量表达式的值不能相同, 否则会出现错误。

2) 在 case 后, 允许有多个语句, 可以不用 {} 括起来。

3) 各 case 和 default 子句的先后顺序可以变动, 而不会影响程序执行结果。

4) default 子句可以省略不用。

## 2.1.3　系统仿真与调试

编好程序, 画好仿真图, 仿真效果正确。其效果图如图2-9所示。

将程序下载至实物, 运行效果也正确。

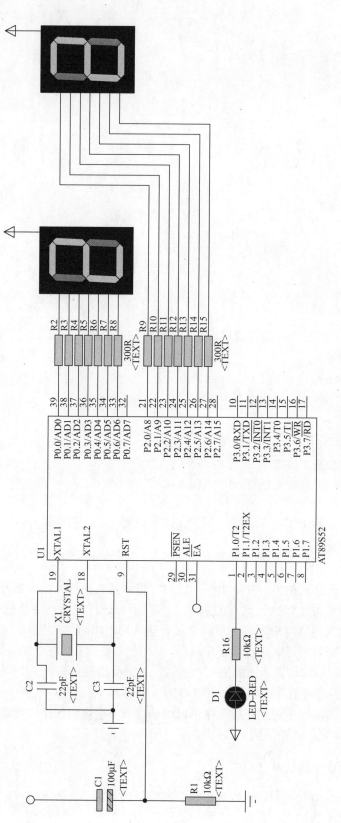

a) 数码管控制系统仿真图1

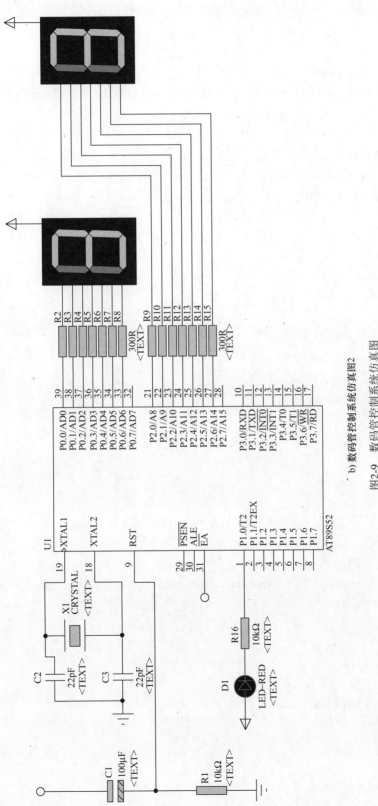

b) 数码管控制系统仿真图2

图2-9　数码管控制系统仿真图

强化提高：请编写一个单片机程序，实现两个数码管依次亮"00""01"…"99"，并循环运行。

编程方法一：

```
#include <reg51.h>
unsigned char shuma[10] = {0xc0,0xf9,0xa4,0xb0,0x99,0x92,0x82,0xf8,0x80,0x90};
void   delay( )
{
    unsigned char j,k;
    for(k = 0;k < 200;k ++ )
        for(j = 0;j < 200;j ++ );
}
void main( )
{
 unsigned char m,n;
 while(1)
 {
    for(m = 0;m < 10;m ++ )
        for(n = 0;n < 10;n ++ )
        {
            P0 = shuma[m];
            P2 = shuma[n];
            delay( );
        }
 }
}
```

该段程序采用数组编程，在主程序中实现两个嵌套 for 循环。

编程方法二：

```
#include <reg51.h>
unsigned char shuma[10] = {0xc0,0xf9,0xa4,0xb0,0x99,0x92,0x82,0xf8,0x80,0x90};
unsigned char shu;
void   delay( )
{
    unsigned char j,k;
    for(k = 0;k < 200;k ++ )
        for(j = 0;j < 200;j ++ );
}
void main( )
{
    while(1)
    {
```

```
            P0 = shuma[ shu/10] ;
            P2 = shuma[ shu%10] ;
            delay( ) ;
            shu ++ ;
            if( shu > = 100) shu =0;
        }
}
```

该方法直接采用 shu ++ ，从而减少了主程序内部的嵌套循环，实现了系统的功能。

## 【项目检查与评估】

项目考核内容见表 2-3。

表 2-3　数码管静态显示控制系统运行项目评价表

| 考核项目 | 考核内容 | 技术要求 | 评分标准 | 得分 | 备注 |
|---|---|---|---|---|---|
| 总体设计 | ① 任务分析<br>② 方案设计<br>③ 软件和硬件功能划分 | ① 任务明确（5 分）<br>② 方案设计合理、有新意（10 分）<br>③ 软件和硬件功能划分合理（5 分） | 20 分 | | |
| 硬件设计 | ① 片内元器件分配<br>② 电路原理图设计<br>③ 电路板制作 | ① 片内元器件分配正确、合理（5 分）<br>② 电路原理图设计正确（10 分）<br>③ 电路板制作：布线正确、整齐、合理（5 分） | 20 分 | | |
| 软件设计 | ① 算法和数据结构设计<br>② 流程图设计<br>③ 编程 | ① 算法和数据结构设计正确、合理（5 分）<br>② 流程图设计正确、简明（5 分）<br>③ 编程正确、有新意（10 分） | 20 分 | | |
| 系统仿真<br>与调试 | ① 调试顺序<br>② 错误排除<br>③ 调试结果 | ① 调试顺序正确（5 分）<br>② 能熟练排除错误（10 分）<br>③ 调试后运行正确（5 分） | 20 分 | | |
| 实训报告 | ① 书写<br>② 内容<br>③ 图形绘制<br>④ 结果分析 | ① 书写规范整齐（5 分）<br>② 内容翔实具体（5 分）<br>③ 图形绘制正确、完整、全面（5 分）<br>④ 能正确分析实验结果（5 分） | 20 分 | | |
| 评　价　结　果 | | | | | |

## 【项目总结】

本项目从一个简单的数码管显示任务入手，介绍了数码管的显示原理和单片机对数码管的控制方法，建立起了单片机对数码管显示控制的实现方法，为强化单片机的应用奠定了基础。

## 【练习与训练】

一、已知共阳极数码管引脚如图 2-4 所示，其段信号 a ~ dp 分别接到 P0.0 ~ P0.7，请在表 2-4 中写出各位的状态及显示 0 ~ 9 的代码。

表 2-4　数码管代码表

| 显示数 | P0.7(g) | P0.6(f) | P0.5(a) | P0.4(b) | P0.3(e) | P0.2(d) | P0.1(c) | P0.0(dp) | 代码 |
|---|---|---|---|---|---|---|---|---|---|
| 0 | | | | | | | | | |
| 1 | | | | | | | | | |
| 2 | | | | | | | | | |
| 3 | | | | | | | | | |
| 4 | | | | | | | | | |
| 5 | | | | | | | | | |
| 6 | | | | | | | | | |
| 7 | | | | | | | | | |
| 8 | | | | | | | | | |
| 9 | | | | | | | | | |

二、已知数码管显示控制系统原理图如图 2-2 所示，运用数组编程完成以下要求：

1. 请编写一个单片机程序，使两个数码管显示 01；
2. 请编写一个单片机程序，使两个数码管显示 18；
3. 请编写一个单片机程序，实现两个数码管依次亮"16""68""81"，并循环运行。

## 2.2　数码管动态显示控制系统设计及制作

### 【任务描述】

设计一个数码管控制系统，控制 4 个数码管显示出"1234"。

### 【任务能力目标】

1. 进一步认识电子产品设计制作的基本流程；
2. 进一步熟悉数码管显示数字的原理；
3. 熟悉动态显示数码管的原理及控制方法；
4. 了解单片机的定时器/计数器及其应用方法。

### 【完成任务的计划决策】

由于本系统需要控制显示 4 个数码管，单片机 AT89S52 只有 4 个并行 I/O 口，如果用上一节静态显示的控制方式，则单片机的扩展能力会受到很大限制，如果用动态显示方式将最多用到 12 个 I/O 口即能实现功能。所以本系统采用 AT89S52 作为主控制芯片，用动态扫描的方式接 4 个数码管，加上外围元器件组成完整的控制系统，再编程实现其相应功能。

### 【实施过程】

### 2.2.1　系统硬件设计

根据系统要求，单片机 AT89S52 的 P0 口控制数码管的段选信号，同时在它们之间接一个分压电阻，4 个数码管的位选信号分别连接 P2 口的 P2.0 ~ P2.3，设计出对应的控制电路图如图 2-10 所示。

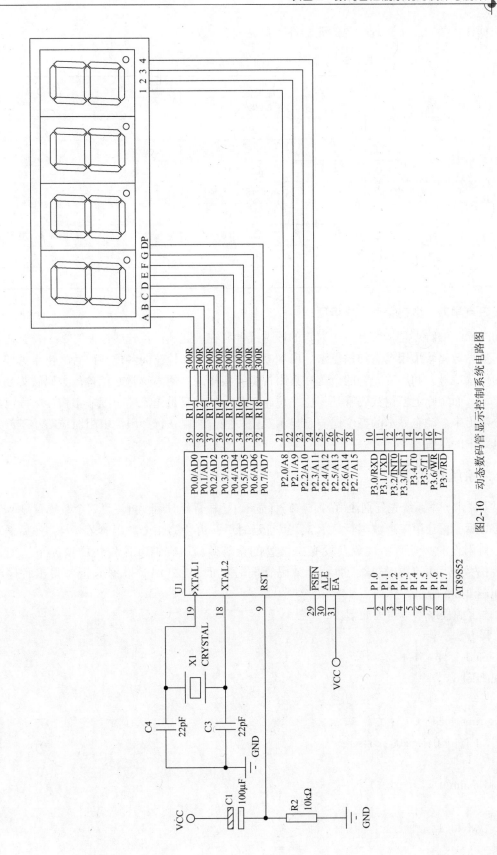

图2-10 动态数码管显示控制系统电路图

根据任务要求，本系统需要的元器件清单见表2-5。

**表 2-5  动态数码管显示控制系统元器件清单**

| 序 号 | 名 称 | 型 号 | 数 量 | 说 明 |
|---|---|---|---|---|
| 1 | 单片机 | AT89S52 | 1个 | |
| 2 | IC座 | 40P | 1个 | |
| 3 | 晶振 | 12MHz，直插 | 1个 | 晶振电路 |
| 4 | 瓷片电容 | 22pF，直插 | 2个 | |
| 5 | 电解电容 | 100μF/16V，直插 | 1个 | 复位电路 |
| 6 | 直插电阻 | 10kΩ，1/4W | 1个 | |
| 7 | 直插电阻 | 300Ω，1/4W | 8个 | 数码管分压电阻 |
| 8 | 四位数码管 | 共阳极 | 1个 | |
| 9 | 电路板 | | 1块 | |

**知识点学习：数码管动态显示原理**

动态显示的特点是将所有位数码管的段选线并联在一起，由位选线控制是哪一位数码管有效，选亮数码管采用动态扫描显示。所谓动态扫描显示即轮流向各位数码管送出字形码和相应的位选信号，利用发光管的余辉和人眼视觉暂留作用，使人感觉好像各位数码管都是在同时显示，而实际上多位数码管是一位一位轮流显示的，只是轮流的速度非常快，人眼已经无法分辨出来。动态显示的亮度比静态显示要差一些，所以在选择限流电阻时应略小于静态显示电路中的阻值。

## 2.2.2  系统软件设计

根据要求，本系统先分别让第一个数码管显示1，短暂延时后，再让第二个数码管显示2，短暂延时后，再让第三个数码管显示3，短暂延时后，再让第四个数码管显示4，然后循环运行，利用人的视觉暂留现象及发光二极管的余辉效应，在速度比较快的情况下，使人感觉各位数码管同时在显示，即4个数码管同时显示"1234"。根据分析，得出程序流程图如图2-11所示。

C语言源程序参考编程如下：

编程方法一：

```
#include <reg51.h>
void delay()
{
    unsigned char i;
    for(i=0;i<200;i++);
}
void main()
{
    while(1)
```

```
    {

        P2 = 0X01;
        P0 = 0XF9;
        delay();
        P2 = 0X02;
        P0 = 0XA4;
        delay();
        P2 = 0X04;
        P0 = 0XB0;
        delay();
        P2 = 0X08;
        P0 = 0X99;
        delay();
    }

}
```

该段程序将代码直接赋给 P0 口，作为段选信号输入端，P2 口作为位选信号输入端，每延时一小段时间，显示下一个数据，循环扫描运行，利用人的视觉暂留现象及发光二极管的余辉效应，使得四位数码管显示"1234"。

编程方法二：

```
#include <reg51.h>
unsigned char shuma[10] = {0XC0,0XF9,0XA4,0XB0,
0X99,0X92,0X82,0XF8,0X80,0X90};
void delay()
{
    unsigned char i;
    for(i = 0;i < 200;i ++);
}
void main()
{
    while(1)
    {
        P0 = shuma[1];
        P2 = 0X01;
        delay();
        P0 = shuma[2];
        P2 = 0X02;
        delay();
```

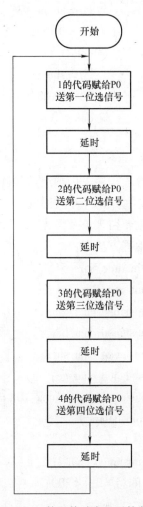

图 2-11 数码管动态显示控制
系统程序流程图

```
        P0 = shuma[3];
        P2 = 0X04;
        delay();
        P0 = shuma[4];
        P2 = 0X08;
        delay();
    }
}
```

该段程序采用数组将代码直接赋给 P0 口，作为段选信号输入端，P2 口作为位选信号输入端，每延时一小段时间，P0 从数组中提取一个数，选通欲显示的位，依次进行，利用人的视觉暂留现象及发光二极管的余辉效应，使得四位数码管显示"1234"。

编程方法三：

```
#include <reg51.h>
unsigned int shu;
unsigned char qian;
unsigned char bai;
unsigned char shi;
unsigned char ge;
unsigned char shuma[10] = {0XC0,0XF9,0XA4,0XB0,0X99,0X92,0X82,0XF8,0X80,0X90};
void delay()
{
  unsigned char i;
  for(i = 0;i < 200;i ++);
}
void main()
{
    shu = 1234;
    qian = shu/1000;
    shu = shu%1000;
    bai = shu/100;
    shu = shu%100;
    shi = shu/10;
    ge = shu%10;
    while(1)
    {
        P0 = shuma[qian];
        P2 = 0X01;
        delay();
```

```
            P0 = shuma[bai];
            P2 = 0X02;
            delay();
            P0 = shuma[shi];
            P2 = 0X04;
            delay();
            P0 = shuma[ge];
            P2 = 0X08;
            delay();
        }
}
```

该方法先确立一个变量 shu = 1234，然后段选 P0 口从 shu 中提取出千位、百位、十位、个位，依次从数组中提取出相对应数的代码，P2 口作为位选信号输入端，依次显示对应的数字，利用人的视觉暂留现象及发光二极管的余辉效应，从而实现 4 个数码管显示"1234"。

编程方法四：

```
#include <reg51.h>
unsigned int shu,temp;
unsigned char shuma[10] = {0XC0,0XF9,0XA4,0XB0,0X99,0X92,0X82,0XF8,0X80,
0X90};
void delay()
{
    unsigned char i;
    for(i = 0;i < 200;i ++);
}
void main()
{
    shu = 1234;
    while(1)
    {
        P0 = shuma[shu/1000];
        P2 = 0X01;
        delay();
        temp = shu%1000;
        P0 = shuma[temp/100];
        P2 = 0X02;
        delay();
        temp = temp%100;
        P0 = shuma[temp/10];
```

```
            P2 = 0X04;
            delay( );
            P0 = shuma[ temp%10 ];
            P2 = 0X08;
            delay( );
        }
    }
```

该程序同样确立一个变量 shu = 1234，将其千位、百位、十位、个位分别提取放到段选信号端输入 P0 口，再用 P2 口选通对应的位，依次显示对应的数字，从而实现使 4 个数码管显示"1234"。

以上 4 种方法均实现了使 4 个数码管显示出相应内容，但其要求控制器一直对显示进行扫描，这时控制器不方便去完成其他功能，其使用效率很低，因此在实际系统中该 4 种方法不是很实用。在实际应用中一般采用定时扫描的方式，定时时间到后控制器才扫描显示程序，平时处理其他事情。

知识点学习：

1. 定时器/计数器基本原理

MCS - 51 单片机内部集成了两个 16 位定时器/计数器，分别称为定时器/计数器 0（T0）和定时器/计数器 1（T1），这两个定时器/计数器的结构一样，通过 TMOD 的设置，都可有 4 种工作方式，其中，除方式 3 外，其他 3 种工作方式的工作原理一样。定时器/计数器的核心部件是一个 16 位的加 1 计数器，它由两个 8 位的特殊功能寄存器构成，因此两个定时器/计数器的加 1 计数器共由两组 4 个特殊功能计数器构成，它们分别是：

TH0：T0 加 1 计数器的高 8 位；

TL0：T0 加 1 计数器的低 8 位；

TH1：T1 加 1 计数器的高 8 位；

TL1：T1 加 1 计数器的低 8 位。

对定时器/计数器进行相应的设置并启动后，加 1 计数器可对规定脉冲源的脉冲数进行计数而不需要 CPU 进行干预和管理，TLx 计数满后自动向相应的 THx 进位，当 THx 也计数满后，将置位 TCON 特殊功能寄存器中的 TFx 位，供程序查询或向 CPU 发出中断请求。

定时器/计数器 THx 和 TLx 均可按字节读写，通过对其写入特定的数值，可控制从开始计数到计数溢出置位 TFx 所需计数的脉冲个数；而通过对其读出，则可了解从启动定时器到现在所计的脉冲个数。

定时器/计数器能够计数的"规定脉冲源"有两个：一个是内部振荡源 12 分频后形成的脉冲，即对机器周期进行计数；另一个是从 T0（或 T1）引脚引入的外部脉冲，对外部脉冲计数时，计数器在每个机器周期的 $S_5P_2$ 节拍期间采样外部输入信号，若一个周期采样值为"1"，下一个周期的采样值为"0"，则计数器加 1，所以对外部信号的最高计数率是振荡频率的 1/24，且要求外部输入信号的高、低电平时间均需保持一个机器周期以上。

由于单片机振荡频率是已知的，因此对内部振荡源 12 分频后形成的脉冲进行计数时，通过所计脉冲个数很容易计算出计数所经历的时间，即实现定时。实现定时的具体方法是：

向 THx、TLx 写入特定的基数，可预先确定从定时器/计数器开始运行到 THx、TLx 溢出所需的时间，一旦 TFx 置位，则经历了预期的时间，从而完成定时。

定时器/计数器的工作通过特殊功能寄存器 TMOD 和 TCON 对定时器/计数器控制和管理来实现。

2. 定时器的初始化方法

如果需要用定时器定时中断，则要求先对定时器进行初始化，才能打开其相应功能，使其定时时间到后可以产生中断，转到定时中断服务程序执行相应程序。定时器/计数器初始化的一般步骤如下：

1）确定定时器的工作方式：由 TMOD 寄存器决定；

2）确定定时时间：由 THx、TLx 决定；

3）启动定时器/计数器：由控制寄存器 TCON 的控制位 TR0 或 TR1 决定；

4）开总中断（即中断的总开关）：EA = 1；

5）允许定时器 0（或 1）中断：ET0 = 1 或 ET1 = 1。

3. 定时器/计数器的相关寄存器

1）工作方式寄存器 TMOD。工作方式寄存器 TMOD 用于设置定时器/计数器的工作方式，低 4 位用于 T0，高 4 位用于 T1。其格式如下：

| 位 | 7 | 6 | 5 | 4 | 3 | 2 | 1 | 0 | |
|---|---|---|---|---|---|---|---|---|---|
| 字节地址：89H | GATE | C/$\overline{\text{T}}$ | M1 | M0 | GATE | C/$\overline{\text{T}}$ | M1 | M0 | TMOD |

GATE：门控位。GATE = 0 时，只要用软件使 TCON 中的 TR0 或 TR1 为 1，就可以启动定时器/计数器工作；GATE = 1 时，要用软件使 TR0 或 TR1 为 1，同时外部中断引脚也为高电平时，才能启动定时器/计数器工作，即此时定时器的启动多了一个条件。

C/$\overline{\text{T}}$：定时/计数模式选择位。C/$\overline{\text{T}}$ = 0 为定时模式；C/$\overline{\text{T}}$ = 1 为计数模式。

M1、M0：工作方式设置位。定时器/计数器有四种工作方式，由 M1、M0 进行设置。定时器/计数器工作方式设置见表 2-6。

表 2-6　定时器/计数器工作方式设置表

| M1M0 | 工作方式 | 说　　明 |
|---|---|---|
| 00 | 方式 0 | 13 位定时器/计数器 |
| 01 | 方式 1 | 16 位定时器/计数器 |
| 10 | 方式 2 | 8 位自动重装载定时器/计数器 |
| 11 | 方式 3 | T0：分成两个独立的 8 位定时器/计数器；T1：此方式停止计数 |

方式 0 的结构如图 2-12 所示。

方式 0 采用 13 位计数器，由 TL0 的低 5 位（高 3 位未用）和 TH0 的 8 位组成加 1 计数器。TL0 的低 5 位溢出时向 TH0 进位，TH0 溢出时，置位 TCON 中相应的 TF0 标志，向 CPU 发出中断请求或供程序查询。

C/$\overline{\text{T}}$ 决定对哪一个脉冲源计数，如果 C/$\overline{\text{T}}$ = 0，控制开关接通内部振荡源，定时器对机器周期计数，当 TH0 和 TL0 各位全为"1"后，再来一个脉冲时，加 1 计数器将产生溢出，

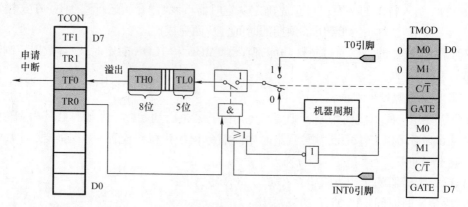

图 2-12  定时器/计数器方式 0

并置位 TF0，从启动到溢出的时间为

$$T = [2^{13} - (\text{TH0TL0})初值] \times 机器周期$$

最长定时时间为

$$T = 2^{13} \times 机器周期$$

最大脉冲计数个数为

$$N = 2^{13} = 8192$$

方式 1 的结构如图 2-13 所示。

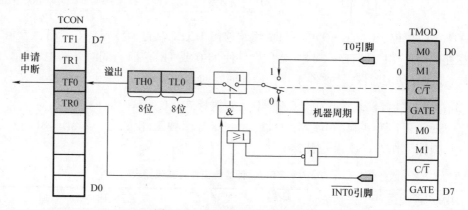

图 2-13  定时器/计数器方式 1

方式 1 与方式 0 的差别仅在于计数位数不同，本方式加 1 计数器长度为 16 位，由 TL0 作为低 8 位，TH0 作为高 8 位，因此，定时时间为

$$T = [2^{16} - (\text{TH0TL0})初值] \times 机器周期$$

最长定时时间为

$$T = 2^{16} \times 机器周期$$

最大脉冲计数个数为

$$N = 2^{16} = 65536$$

方式 2 的结构如图 2-14 所示。

若用方式 0 或方式 1 重复定时计数，每次溢出后，计数器为全零，因此必须重新装入初值；而方式 2 在溢出后可自动重新加载初值，不需要软件干预，这样可使软件简单，

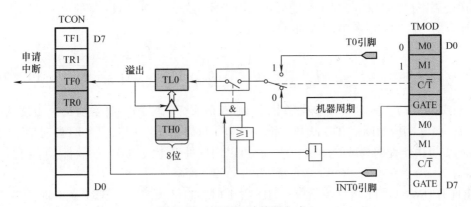

图 2-14　定时器/计数器方式 2

更重要的是定时更为准确，因此特别适合用于需要连续高精度定时的场合（如串口波特率发生器）。

方式 2 自动重新加载初值的具体实现方法如图 2-14 所示。把 16 位加 1 计数器拆分为两个独立的 8 位计数器 TH0 和 TL0，定时器/计数器仅用 TL0 作加 1 计数器，TL0 不再向 TH0 进位，TH0 用于保存初值，当 TM 溢出后，自动将 TH0 中的值再装入 TL0。由于工作方式 2 的加 1 计数器是 8 位，因此定时时间为

$$T = (2^8 - \text{TL0 初值}) \times 机器周期$$

最长定时时间为

$$T = 2^8 \times 机器周期$$

方式 3 的结构如图 2-15 所示。

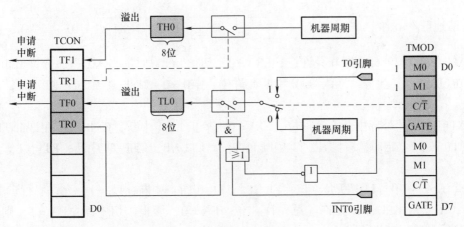

图 2-15　定时器/计数器方式 3

方式 3 只适合于定时器/计数器 0，如图 2-15 所示。该方式下，T0 被拆分为两个相互独立的加 1 计数器。其中 TL0 使用原 T0 的有关控制位、引脚和溢出标志；而 TH0 只能作为定时器使用，但它占用 T0 的启停控制位 TR0 和溢出标志位 TF0。

方式 3 可使系统增加一个额外的 8 位定时器，但 T0 一旦设置为方式 3，就会对 T0 的使用有一定的影响，因为 T0 虽仍可定义为方式 0、1、2，但只能用在不需启停和中断控制点的场合，典型应用是将 T0 作为串口波特率发生器。

2）控制寄存器 TCON。TCON 的低 4 位用于控制外部中断，TCON 的高 4 位用于控制定时器/计数器的启动和中断申请。其格式如下：

| 位 | 7 | 6 | 5 | 4 | 3 | 2 | 1 | 0 | |
|---|---|---|---|---|---|---|---|---|---|
| 字节地址：88H | TF1 | TR1 | TF0 | TR0 | IE1 | IT1 | IE0 | IT0 | TCON |

TF1（TCON.7）：定时器/计数器 T1 溢出中断请求标志位。T1 计数溢出时由硬件自动置 TF1 为 1。CPU 响应中断后 TF1 由硬件自动清 0。T1 工作时，CPU 可随时查询 TF1 的状态。所以，TF1 可用作查询测试的标志。TF1 也可以用软件置 1 或清 0，同硬件置 1 或清 0 的效果一样。

TR1（TCON.6）：T1 运行控制位。TR1 置 1 时，T1 开始工作；TR1 置 0 时，T1 停止工作。TR1 由软件置 1 或清 0，所以用软件可控制定时器/计数器的启动与停止。

TF0（TCON.5）：T0 溢出中断请求标志位，其功能与 TF1 类同。

TR0（TCON.4）：T0 运行控制位，其功能与 TR1 类同。

IE1（TCON.3）：外部中断 1 中断请求标志位。IE1 = 1，INT1 发生中断请求。

IT1（TCON.2）：外部中断 1 触发方式控制位。IT1 = 1，INT1 下降沿触发；IT1 = 0，INT1 低电平触发。

IE0（TCON.1）：外部中断 0 中断请求标志位。IE0 = 1，INT0 发生中断请求。

IT0（TCON.0）：外部中断 0 触发方式控制位。当 IT0 = 1 时，为边沿触发方式（下降沿有效）；当 IT0 = 0 时，为电平触发方式。

3）中断允许寄存器 IE。CPU 对中断系统所有中断以及某个中断源的开放和屏蔽是由中断允许寄存器 IE 控制的。

| 位 | 7 | 6 | 5 | 4 | 3 | 2 | 1 | 0 | |
|---|---|---|---|---|---|---|---|---|---|
| 字节地址：A8H | EA | | | ES | ET1 | EX1 | ET0 | EX0 | IE |

EX0（IE.0）：外部中断 0 允许位。EX0 = 0，禁止 INT0 中断；EX0 = 1，允许 INT0 中断。

ET0（IE.1）：定时器/计数器 T0 中断允许位。ET0 = 0，禁止 T0 中断；ET0 = 1，允许 T0 中断。

EX1（IE.2）：外部中断 1 允许位。EX1 = 0，禁止 INT1 中断；EX1 = 1，允许 INT1 中断。

ET1（IE.3）：定时器/计数器 T1 中断允许位。ET1 = 0，禁止 T1 中断；ET1 = 1，允许 T1 中断。

ES（IE.4）：串行口中断允许位。ES = 0，禁止串行口中断；ES = 1，允许串行口中断。

EA（IE.7）：CPU 中断允许（总允许）位。EA = 0，禁止一切中断；EA = 1，则允许中断（相当于打开总中断开关）。

4. 中断服务程序的一般结构

```
void 中断服务程序名() interrupt 序号
{

}
```

其中"中断服务程序名"可以任意书写，5 个中断的序号见表 2-7。

表 2-7　MCS - 51 系列单片机的中断序号表

| 中　断　源 | 中 断 序 号 |
|---|---|
| 外部中断 0 | 0 |
| 定时器 T0 中断 | 1 |
| 外部中断 1 | 2 |
| 定时器 T1 中断 | 3 |
| 串行口中断 | 4 |

如定时器 0 的中断服务程序结构可以书写如下：

```
void time0( ) interrupt 1
{

}
```

根据以上相关知识分析，如果晶振频率是 12MHz，用定时器 0 工作方式 1 定时 20ms 进行显示扫描，则前述动态数码管显示控制系统的实现程序如下：

编程方法五：

```
#include  < reg51. h >
unsigned char shuma[10] = {0XC0,0XF9,0XA4,0XB0,0X99,0X92,0X82,0XF8,0X80,0X90};
void delay( )
{
    unsigned char i;
    for( i = 0;i < 200;i ++ ) ;
}
void time0( ) interrupt 1     //定时器 0 定时 20ms 中断
{
    TH0 = 0XB1;
    TL0 = 0XE0;
    P0 = shuma[1];
    P2 = 0X01;
    delay( );
    P0 = shuma[2];
    P2 = 0X02;
    delay( );
    P0 = shuma[3];
    P2 = 0X04;
    delay( );
    P0 = shuma[4];
    P2 = 0X08;
```

```
            delay( );
            P2 = 0X00;
    }
    void main( )
    {
            TMOD = 0X01;　//设置 T0 为工作方式 1(16 位定时器)
            TH0 = 0XB1;　//定时器 0 定时 20ms 中断
            TL0 = 0XE0;
            TR0 = 1;　//定时器 0 开始定时
            EA = 1;　//打开中断总允许位
            ET0 = 1;　//打开定时器 0 中断
            while(1)
            {
            }
    }
```

### 2.2.3　系统仿真与调试

编好程序，画好仿真图，仿真效果正确。其效果图如图 2-16 所示。

将程序下载至实物，运行效果也正确。

强化提高：

请设计一个 6 位时钟控制系统，控制 6 位数码管分别显示时、分、秒。

参考电路：时、分、秒电路图如图 2-17 所示。

参考程序：

```
#include  < reg51. h >
unsigned int times;
unsigned char shi,fen,miao;
unsigned char shuma[10] = {0XC0,0XF9,0XA4,0XB0,0X99,0X92,0X82,0XF8,0X80,0X90};
 void delay( )
 {
 unsigned char i;
 for( i = 0;i < 200;i ++ );
 }
void time0( ) interrupt 1        //定时器 0 定时 20ms 中断
 {
            times ++ ;
            TH0 = 0Xb1;
            TL0 = 0Xe0;
            P0 = shuma[ shi/10 ];
```

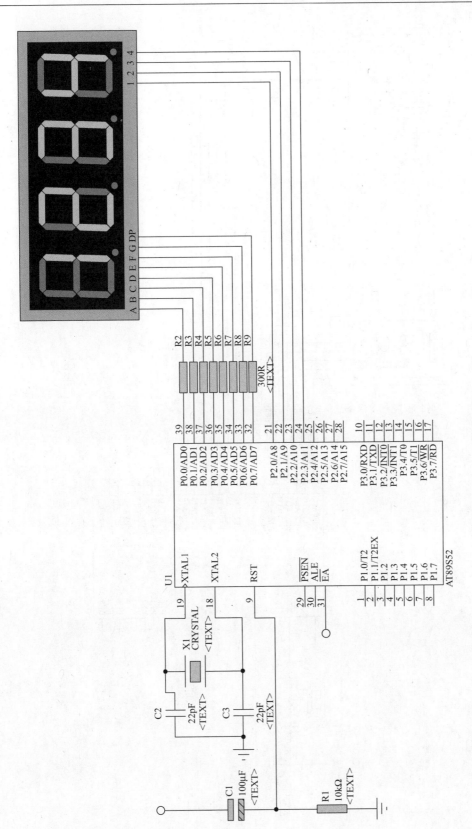

图2-16　动态数码管显示控制系统运行图

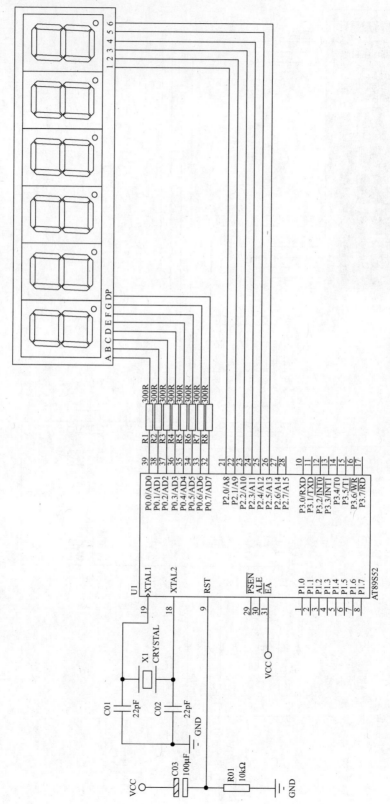

图2-17 时、分、秒电路图

```
        P2 = 0X01;
        delay( );
        P0 = shuma[shi%10];
        P2 = 0X02;
        delay( );
        P0 = shuma[fen/10];
        P2 = 0X04;
        delay( );
        P0 = shuma[fen%10];
        P2 = 0X08;
        delay( );
        P0 = shuma[miao/10];
        P2 = 0X10;
        delay( );
        P0 = shuma[miao%10];
        P2 = 0X20;
        delay( );
}
void main( )
{
        TMOD = 0x01;            //设置 T0 为工作方式 1(16 位定时器)
        TH0 = 0XB1;            //定时器 0 定时 20ms 中断
        TL0 = 0XE0;
        TR0 = 1;              //定时器 0 开始定时
        EA = 1;               //打开中断总允许位
        ET0 = 1;              //打开定时器 0 中断
        shi = 0;
        fen = 0;
        miao = 50;
        while(1)
        {
            if(times > = 50)
            {    times = 0;
                miao ++;
                if(miao > = 60)
                {
                        miao = 0;
                        fen ++;
                        if(fen > = 60)
```

```
                        {
            fen = 0;
            shi ++;
                        {
                if( shi > = 24) shi = 0;
                        }
                    }
                }
            }
        }
```

## 【项目检查与评估】

项目考核内容见表2-8。

**表2-8　数码管动态显示控制系统运行项目评价表**

| 考 核 项 目 | 考 核 内 容 | 技 术 要 求 | 评分标准 | 得分 | 备注 |
|---|---|---|---|---|---|
| 总体设计 | ① 任务分析<br>② 方案设计<br>③ 软件和硬件功能划分 | ① 任务明确（5分）<br>② 方案设计合理、有新意（10分）<br>③ 软件和硬件功能划分合理（5分） | 20分 | | |
| 硬件设计 | ① 片内元器件分配<br>② 电路原理图设计<br>③ 电路板制作 | ① 片内元器件分配正确、合理（5分）<br>② 电路原理图设计正确（10分）<br>③ 电路板制作：布线正确、整齐、合理（5分） | 20分 | | |
| 软件设计 | ① 算法和数据结构设计<br>② 流程图设计<br>③ 编程 | ① 算法和数据结构设计正确、合理（5分）<br>② 流程图设计正确、简明（5分）<br>③ 编程正确、有新意（10分） | 20分 | | |
| 系统仿真<br>与调试 | ① 调试顺序<br>② 错误排除<br>③ 调试结果 | ① 调试顺序正确（5分）<br>② 能熟练排除错误（10分）<br>③ 调试后运行正确（5分） | 20分 | | |
| 实训报告 | ① 书写<br>② 内容<br>③ 图形绘制<br>④ 结果分析 | ① 书写规范整齐（5分）<br>② 内容翔实具体（5分）<br>③ 图形绘制正确、完整、全面（5分）<br>④ 能正确分析实验结果（5分） | 20分 | | |
| 评 价 结 果 | | | | | |

## 【项目总结】

本项目从一个简单的动态数码管显示任务入手，介绍了数码管的显示原理和单片机对数码管的控制方法，建立起了单片机对数码管显示控制的实现方法，为强化单片机的应用奠定了基础。

**【练习与训练】**

一、原理图如图 2-18 所示，请运用单片机的定时器进行定时，控制发光二极管 D1 每隔 1s 闪亮 1 次。

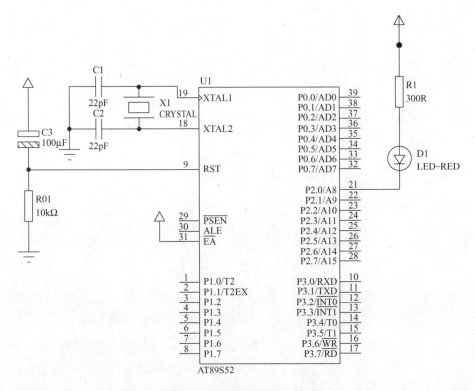

图 2-18　定时器控制发光二极管

二、原理图如图 2-19 所示，请编写一个完整的程序，使 4 个数码管初始显示 "0000"，当每按下一次 KEY1 键时，显示的内容就加 1。

三、根据以下要求，编写单片机初始化程序。

1. 若单片机的晶振频率是 6MHz，用定时器 0、工作方式 2 进行 200μs 定时，请计算定时器的初值，并编写出初始化程序。

2. 若单片机的晶振频率是 6MHz，用定时器 0、工作方式 2 进行 500μs 定时，请计算定时器的初值，并编写出初始化程序。

3. 若单片机的晶振频率是 6MHz，用定时器 0、工作方式 1 进行 50ms 定时，请计算定时器的初值，并编写出初始化程序。

4. 若单片机的晶振频率是 6MHz，用定时器 1、工作方式 1 进行 50ms 定时，请计算定时器的初值，并编写出初始化程序。

5. 若单片机的晶振频率是 12MHz，用定时器 0、工作方式 1 进行 50ms 定时，请计算定时器的初值，并编写出初始化程序。

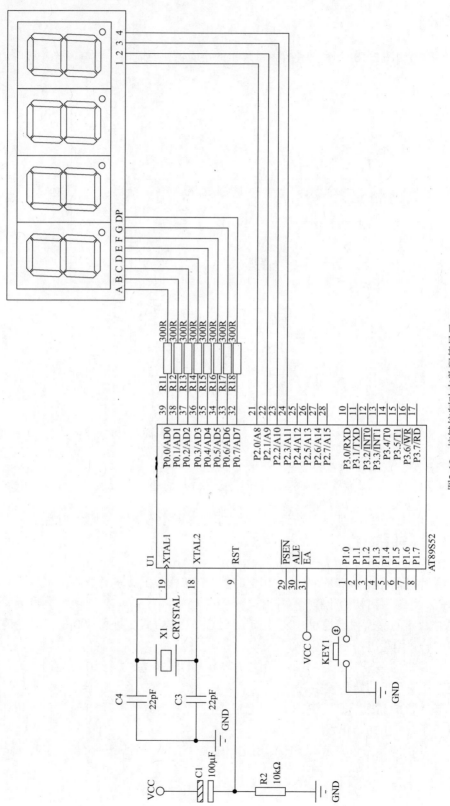

图2-19 按键控制动态数码管显示

# 项目3 键盘控制系统的设计与制作

键盘是计算机最常用的输入设备，是实现人机对话的重要纽带，所以键盘广泛应用于各种设备中。通过键盘可以进行信号的输入，实现控制对象的各种动作或运行。本系统就针对常用的独立式键盘和矩阵式键盘进行详细介绍和设计。

## 3.1 独立式键盘控制系统设计及制作

**【任务描述】**

设计一个控制系统，用8个按键控制两位数码管，当按下第一个按键时，两个数码管显示01，当按下第二个按键时，两个数码管显示02······当按下第八个按键时，两个数码管显示08。

**【任务能力目标】**

1. 熟悉独立式键盘输入信号的判断、接收；
2. 熟悉通过键盘控制发光二极管及数码管的显示方式；
3. 单片机外部中断的原理及其应用。

**【完成任务的计划决策】**

该系统将8个按键用作输入信号，两个数码管用作显示，所以可以选择 AT89S52 作为主控制芯片，8个按键接 AT89S52 的1个并口，两个数码管由 AT89S52 的两个并口分别驱动，再加上外围元器件组成完整的控制系统，然后编程实现其相应功能。

**【实施过程】**

### 3.1.1 系统硬件设计

本系统的硬件采用模块化设计，以单片机控制器为核心，与数码管接口电路、键盘电路等组成单片机控制的键盘识别系统。该系统硬件主要包括单片机主控模块、数码管显示模块、键盘模块等。其中，单片机主控模块主要完成外围硬件的控制以及一些运算功能，数码管显示模块主要完成字符、数字的显示功能；键盘模块主要完成按键处理功能。单片机控制的键盘识别系统硬件组成框图如图3-1所示。

图 3-1 单片机控制的键盘识别
控制系统硬件组成框图

根据系统要求，本项目8个按键 KEY1～KEY8 依次连接到单片机的 P1.0～P1.7 口。数码管连接到 P0 口和 P2 口，设计出对应的控制电路图如图3-2所示。

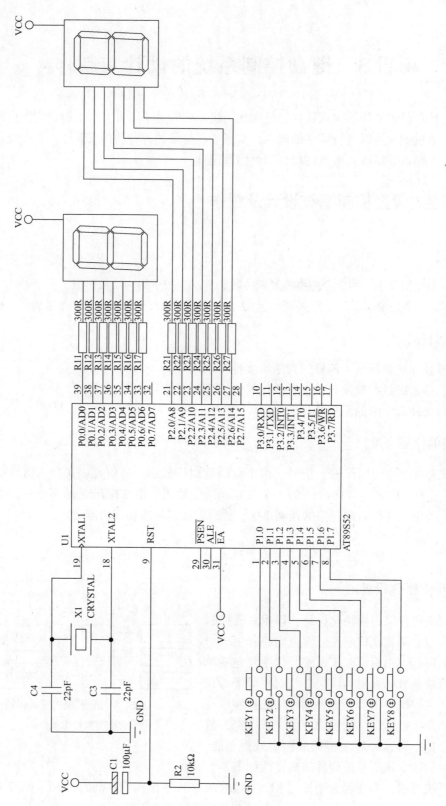

图3-2 独立键盘控制数码管控制系统电路图

根据任务要求，本系统需要的元器件清单见表 3-1。

表 3-1　独立键盘控制数码管控制系统元器件清单

| 序　号 | 名　称 | 型　号 | 数　量 | 说　明 |
|---|---|---|---|---|
| 1 | 单片机 | AT89S52 | 1 个 | |
| 2 | IC 座 | 40P | 1 个 | |
| 3 | 晶振 | 12MHz，直插 | 1 个 | 晶振电路 |
| 4 | 瓷片电容 | 22pF，直插 | 2 个 | |
| 5 | 电解电容 | 100μF/16V，直插 | 1 个 | 复位电路 |
| 6 | 直插电阻 | 10kΩ，1/4W | 1 个 | |
| 7 | 直插电阻 | 300Ω，1/4W | 14 个 | 数码管分压电阻 |
| 8 | 数码管 | 共阳极 | 2 个 | |
| 9 | 按钮 | 点动 | 8 个 | |
| 10 | 电路板 | | 1 块 | |

## 3.1.2　系统软件设计

由于按键接到 P1 口，要判断是否有键按下，则只需判断对应的端口是否有信号输入即可。如 KEY1 连接的是 P1.0，当 KEY1 按下时，P1.0 与地端接通，则 P1.0 应该接收到低电平信号，即 0 信号，此时控制数码管显示 01，即将 0 的代码赋给 P0，将 1 的代码赋给 P2。

C 语言参考程序如下：

```c
#include <reg51.h>
unsigned char shuma[10] = {0xc0,0xf9,0xa4,0xb0,0x99,0x92,0x82,0xf8,0x80,0x90};
sbit key1 = P1^0;
sbit key2 = P1^1;
sbit key3 = P1^2;
sbit key4 = P1^3;
sbit key5 = P1^4;
sbit key6 = P1^5;
sbit key7 = P1^6;
sbit key8 = P1^7;
void main()
{
    P0 = shuma[0];
```

```
    P2 = shuma[0];
  while(1)
   {
       if( key1 ==0)
        {
          P0 = shuma[0];
          P2 = shuma[1];
        }
       if( key2 ==0)
        {
          P0 = shuma[0];
          P2 = shuma[2];
        }
       if( key3 ==0)
        {
          P0 = shuma[0];
          P2 = shuma[3];
        }
       if( key4 ==0)
        {
          P0 = shuma[0];
          P2 = shuma[4];
        }
       if( key5 ==0)
        {
          P0 = shuma[0];
          P2 = shuma[5];
        }
       if( key6 ==0)
        {
          P0 = shuma[0];
          P2 = shuma[6];
        }
       if( key7 ==0)
        {
          P0 = shuma[0];
          P2 = shuma[7];
        }
```

```
        if( key8 ==0)
        {
            P0 = shuma[0];
            P2 = shuma[8];
        }
    }
}
```

以上按键信号的接收需要不断进行扫描判断，在对实时性要求很高的场合中，可能会造成信号丢失。因此，对于实时性要求很高的场合，一般要采用硬件中断实现。

在实际应用中，为了避免抖动等其他信号的干扰，还要进行按键消抖处理。

**知识点学习：**

1. 键闭合测试

检查是否有键闭合的程序如下：

```
if( key1 ==0)
{
    delay(10);
    if( key1 ==0)
    {
        num ++;
        P0 = shuma[num];
        if( num ==10)
            num =0;
    }
    while(! key1);
}
else
{

}
```

若有键闭合，则 P0 = shuma [num]，P0 口对应的数码管显示出对应的数字；若无键闭合，则 P0 口对应的数码管不显示。

2. 去抖动

当测试到有键闭合后，需要进行去抖动处理。由于按键闭合时的机械弹性作用，按键闭合时不会马上稳定接通，按键断开时也不会马上断开，由此在按键闭合与断开的瞬间会出现电压抖动，如图3-3所示。键盘抖动的时间一般为 5～10ms，抖动现象会引起 CPU 对一次键操作进行多次处理，从而可能产生错误，因此必须设法消除抖动的不良后果。通过去抖动处理，可以得到按键闭合与断开的稳定状态。

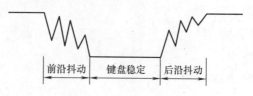

图 3-3 键抖动示意图

去抖动的方法有硬件与软件两种：硬件方法是加去抖动电路，例如可通过 RS 触发器实现硬件去抖动；软件方法是在第一次检测到键盘按下后，先执行一段 10ms 的延迟子程序，由此确认该键是否确实按下，并躲过抖动，待信号稳定之后，再进行键扫描。在实际应用中，通常采用软件方法实现去抖动。

3. 中断的概念

CPU 在处理某一事件 A 时，发生了另一事件 B，请求 CPU 迅速去处理（中断发生）；CPU 暂时中断当前的工作，转去处理事件 B（中断响应和中断服务）；待 CPU 将事件 B 处理完毕后，再回到原来事件 A 被中断的地方继续处理事件 A（中断返回），这一过程称为中断。

引起 CPU 中断的根源，称为中断源。中断源向 CPU 提出中断请求，CPU 暂时中断原来的事件 A，转去处理事件 B，对事件 B 处理完毕后，再回到原来被中断的地方（即断点），称为中断返回。实现上述中断功能的部件称为中断系统（中断机构）。

MCS - 51 单片机的中断系统结构如图 3-4 所示。

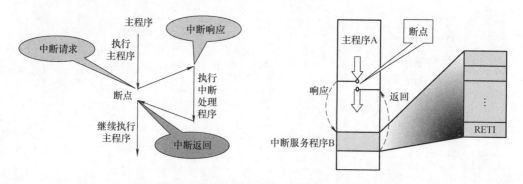

图 3-4 MCS - 51 单片机的中断系统结构

随着计算机技术的应用，人们发现中断技术不仅解决了快速主机与慢速 I/O 设备的数据传输问题，而且还具有如下优点：①分时操作，CPU 可以分时为多个 I/O 设备服务，提高了计算机的利用率；②实时响应，CPU 能够及时处理应用系统的随机事件，系统的实时性大大增强；③可靠性高，CPU 具有处理设备故障及掉电等突发性事件的能力，从而使系统可靠性提高。

4. 中断的初始化

中断的初始化一般包括以下步骤：

1）开中断（总开关）：EA = 1；

2）允许外部中断 0（或 1）中断：EX0 = 1（或 EX1 = 1）；

3）设置中断的触发方式：下降沿触发 $ITx=1$，低电平触发 $ITx=0$；

4）设置中断优先级（如果有不止一个中断，且需要设置的话）。

5. 中断相关寄存器

（1）中断允许寄存器 IE

参看 2.2.2 节。

（2）控制寄存器 TCON

参看 2.2.2 节。

（3）中断优先级控制寄存器 IP

| 位 | 7 | 6 | 5 | 4 | 3 | 2 | 1 | 0 | |
|---|---|---|---|---|---|---|---|---|---|
| 字节地址：B8H | | | PT2 | PS | PT1 | PX1 | PT0 | PX0 | IP |

PX0(IP.0)，外部中断 0 优先级设定位；

PT0(IP.1)，定时器/计数器 T0 优先级设定位；

PX1(IP.2)，外部中断 1 优先级设定位；

PT1(IP.3)，定时器/计数器 T1 优先级设定位；

PS(IP.4)，串行口优先级设定位；

PT2(IP.5)，定时器/计数器 T2 优先级设定位。

如果不设置中断优先级，则 5 个中断源的中断优先级顺序见表 3-2。

表 3-2　各中断源响应优先级及中断服务程序入口

| 中　断　源 | 中　断　标　志 | 中断服务程序入口 | 优先级顺序 |
|---|---|---|---|
| 外部中断 0（INT0） | IE0 | 0003H | 高 |
| 定时器/计数器 0（T0） | TF0 | 000BH | ↓ |
| 外部中断 1（INT1） | IE1 | 0013H | ↓ |
| 定时器/计数器 1（T1） | TF1 | 001BH | ↓ |
| 串行口 | RI 或 TI | 0023H | 低 |

MCS - 51 单片机的中断优先级有三条原则：

1）CPU 同时接收到几个中断时，首先响应优先级别最高的中断请求。

2）正在进行的中断过程不能被新的同级或低优先级的中断请求所中断。

3）正在进行的低优先级中断服务，能被高优先级中断请求所中断。

为了实现上述后两条原则，中断系统内部设有两个用户不能寻址的优先级状态触发器。其中一个置 1，表示正在响应高优先级的中断，它将阻断后来所有的中断请求；另一个置 1，表示正在响应低优先级中断，它将阻断后来所有的低优先级中断请求。

中断响应条件同时满足以下三条时，CPU 才有可能响应中断：

1）中断源有中断请求。

2）此中断源的中断允许位为 1。

3）CPU 开中断（即 $EA=1$）。

例：P2.0 控制红灯闪亮，按键接中断 0，每按一次按键，P2.2 控制绿灯改变一次显示状态。

参考程序：

```c
#include  < reg51. h >
sbit red = P2^0;
sbit green = P2^2;
void   delay( )
{
    unsigned char j,k;
    for( k = 0;k < 200;k ++ )
        for( j = 0;j < 200;j ++ );
}
void led_green( ) interrupt 0
{
  green = ~ green;
}
void main( )
{
    EA = 1;
    EX0 = 1;
    IT0 = 1;
    EX1 = 1;
    IT1 = 1;
    while( 1 )
    {
        red = 1;
        delay( );
        red = 0;
        delay( );
    }
}
```

6. sbit 指令

在上述程序中对按键的定义用到了指令 sbit。例如，按键 1（KEY1）接的是 P1.0，用指令 sbit key1 = P1^0 进行定义。在 C 语言里，如果直接写 P1.0，C 编译器并不能识别，而且 P1.0 也不是一个合法的 C 语言变量名，所以需要给它另起一个名字，这里起的名为 key1，并且要跟 P1.0 建立对应关系。这里使用了 Keil C 的关键字 sbit 来定义，sbit 的用法主要有以下三种方式：

（1）sbit 位变量名 = 位地址

sbit   P1_0 = 0x90;

这样是把位的绝对地址赋给位变量。位地址必须位于 80H ~ FFH 之间。

（2）sbit 位变量名 = 特殊功能寄存器名^位位置

sft　P1 = 0x90；

sbit P1_0 = P1^0；　//先定义一个特殊功能寄存器名,再指定位变量名所在的位置,当可
　　　　　　　　　　　//寻址位位于特殊功能寄存器中时可采用这种方法

（3）sbit 位变量名 = 字节地址^位位置

sbit P1_0 = 0x90^0；

这种方法其实和（2）是一样的，只是把特殊功能寄存器的位地址直接用常数表示。在 C51 存储器类型中提供有一个 bdata 的存储器类型，这个是指可位寻址的数据存储器，位于单片机的可位寻址区中，可以将要求可位寻址的数据定义为 bdata，例如：

unsigned char bdata ib；　//在可位寻址区定义 unsigned char 类型的变量 ib

int bdata ab[2]；　//在可位寻址区定义数组 ab[2],这些也称为可寻址位对象

sbit ib7 = ib^7；　//用关键字 sbit 定义位变量来独立访问可寻址位对象的其中一位

sbit ab12 = ab[1]^12；　//操作符"^"后面的位位置的最大值取决于指定的基址类型，
　　　　　　　　　　　　//char:0 ~ 7,int:0 ~ 15,long:0 ~ 31

7. bit 和 sbit 的区别

bit 和 sbit 都是 C51 扩展的变量类型。

bit 和 int char 之类的差不多，只不过 char 为 8 位，bit 为 1 位而已，都是变量，编译器在编译过程中分配地址，除非给它指定，否则这个地址是随机的。这个地址是整个可寻址空间，即 RAM + FLASH + 扩展空间。bit 位标量是 C51 编译器的一种扩充数据类型，利用它可定义一个位标量，但不能定义位指针，也不能定义位数组。它的值是一个二进制位，不是 0 就是 1。

sbit 是对应可位寻址空间的一个位，可位寻址区为 20H ~ 2FH。一旦用了 sbit xxx = REGE^6 这样的定义，这个 sbit 量就确定地址了。sbit 大部分是用在寄存器中的，方便对寄存器的某位进行操作。

8. define 和 sbit 的区别

sbit 是定义一个标志位，也叫位变量，比如一个 8 位的寄存器就可以看作 8 个位变量。

#define 是替代或者替换的意思，主要就是用一个好记的名字替换一个不好记或者很长的名字。如#define uchar unsigned char，表示用"uchar"来代替"unsigned char"，即在程序里，用到"unsigned char"时都可以用"uchar"来代替。

## 3.1.3　系统仿真与调试

编好程序，画好仿真图，当按下第二个按键 KEY2 时，两个数码管显示"02"，仿真效果正确。其效果图如图 3-5 所示。

制作出实物，将程序下载至实际硬件中，运行效果也满足要求。

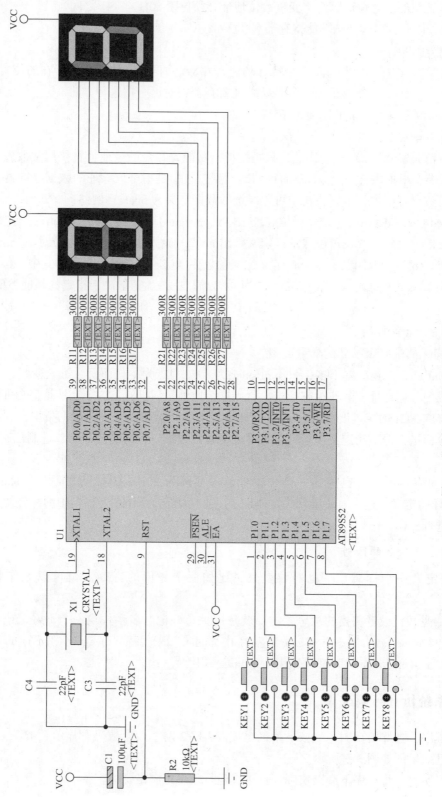

图3-5 按键控制数码管仿真运行图

## 【项目检查与评估】

项目考核内容见表 3-3。

表 3-3　独立式键盘控制系统运行项目评价表

| 考核项目 | 考核内容 | 技术要求 | 评分标准 | 得分 | 备注 |
|---|---|---|---|---|---|
| 总体设计 | ① 任务分析<br>② 方案设计<br>③ 软件和硬件功能划分 | ① 任务明确（5 分）<br>② 方案设计合理、有新意（10 分）<br>③ 软件和硬件功能划分合理（5 分） | 20 分 | | |
| 硬件设计 | ① 片内元器件分配<br>② 电路原理图设计<br>③ 电路板制作 | ① 片内元器件分配正确、合理（5 分）<br>② 电路原理图设计正确（10 分）<br>③ 电路板制作：布线正确、整齐、合理（5 分） | 20 分 | | |
| 软件设计 | ① 算法和数据结构设计<br>② 流程图设计<br>③ 编程 | ① 算法和数据结构设计正确、合理（5 分）<br>② 流程图设计正确、简明（5 分）<br>③ 编程正确、有新意（10 分） | 20 分 | | |
| 系统仿真与调试 | ① 调试顺序<br>② 错误排除<br>③ 调试结果 | ① 调试顺序正确（5 分）<br>② 能熟练排除错误（10 分）<br>③ 调试后运行正确（5 分） | 20 分 | | |
| 实训报告 | ① 书写<br>② 内容<br>③ 图形绘制<br>④ 结果分析 | ① 书写规范整齐（5 分）<br>② 内容翔实具体（5 分）<br>③ 图形绘制正确、完整、全面（5 分）<br>④ 能正确分析实验结果（5 分） | 20 分 | | |
| 评价结果 | | | | | |

## 【项目总结】

独立式键盘控制简单，实现方便，是运用比较广泛的人机交互方式，是需要重点掌握的内容之一。电子产品设计人员应该理解并掌握熟练其应用原理和应用方法。

## 【练习与训练】

一、原理图如图 3-6 所示，编写单片机程序，当按下 KEY1 时，D1 亮，当按下 KEY2 时，D2 亮……当按下 KEY8 时，D8 亮。

二、原理图如图 3-7 所示，用外部中断的方法，当按下 KEY1 时，数码管显示内容加 1，当按下 KEY2 时，数码管显示内容减 1。

三、原理图如图 3-8 所示，编写一个完整的程序，使 4 个数码管初始显示 8888，当每按下一次 KEY1 时，显示的内容就加 1，当每按下一次 KEY2 时，显示的内容就减 1。

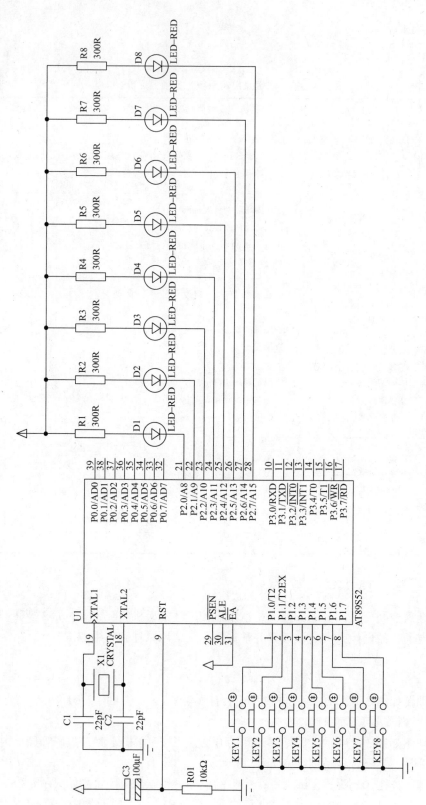

图3-6 按键控制发光二极管电路原理图

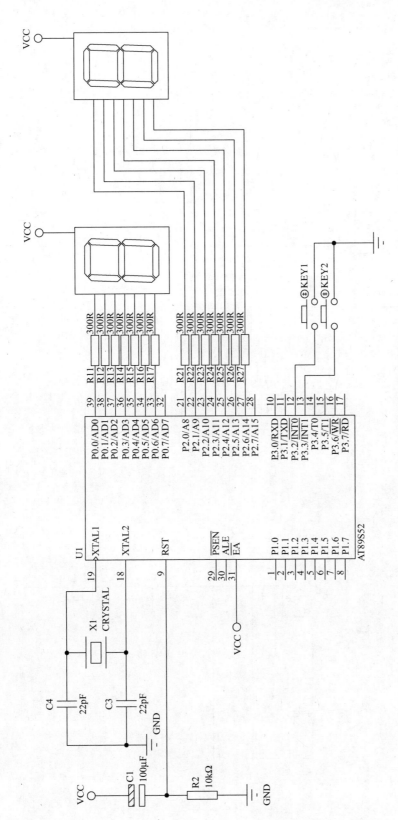

图3-7 外部中断控制数码管电路原理图

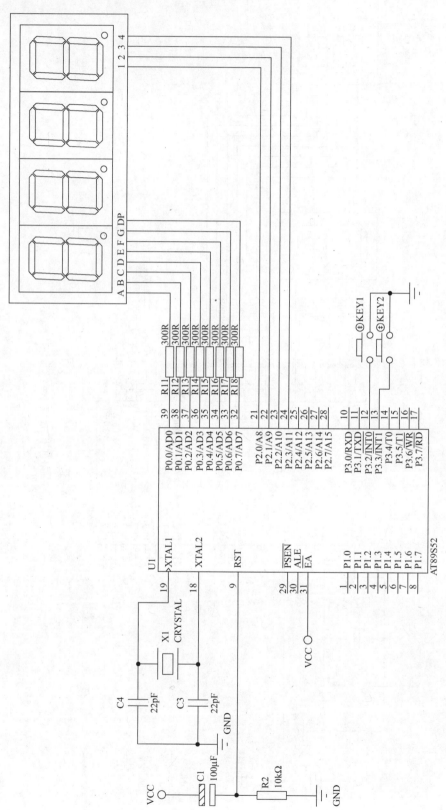

图3-8 按键控制动态数码管电路原理图

## 3.2 矩阵式键盘控制系统设计及制作

### 【任务描述】

请设计一个 $4 \times 4$ 的按键，当分别按下该 16 个按键时，数码管分别显示 0……9、A、B、C、D、E、F。

### 【任务能力目标】

1. 掌握单片机控制矩阵式按键电路的工作原理及其应用方法；
2. 了解矩阵式键盘的结构特点及其连接方法；
3. 具有应用单片机控制矩阵式键盘的能力；
4. 进一步掌握单片机应用系统分析和软硬件设计的基本方法。

### 【完成任务的计划决策】

本系统中 $4 \times 4$ 的按键需要用 8 个输入口，4 个作行信号，4 个作列信号，所以刚好是占一个 8 位的并行口。数码管显示一位数据，只需要 1 个数码管，可以由 AT89S52 的 1 个并行口驱动，加上外围元器件组成完整的控制系统，再编程实现其相应功能。

### 【实施过程】

### 3.2.1 系统硬件设计

本项目需要的按键数较多（为 16 个），通过前面的分析可知，需要采用矩阵式键盘。

将 AT89S52 单片机的 P1 口用作键盘 I/O 口，键盘的列线接到 P1 口的低 4 位，键盘的行线接到 P1 口的高 4 位。4 根行线和 4 根列线形成 16 个相交点。数码管由单片机的 P0 口驱动，接口电路如图 3-9 所示。

**知识点学习：矩阵式键盘的工作原理**

矩阵式键盘是一种常见的输入装置，在日常生活中，矩阵式键盘在计算机、电话、手机、微波炉等各式电子产品上已经被广泛应用。

当键盘中按键数量较多时，为了减少 I/O 口的占用，通常将按键排列成矩阵形式，如图 3-10 所示。在矩阵式键盘中，每条水平线和垂直线在交叉处不直接连通，而是通过一个按键加以连接。这样，一个端口（如 P1 口）就可以构成 $4 \times 4 = 16$ 个按键，比独立式键盘方式的按键数量多出了 1 倍，而且线数越多，区别越明显。比如再多加一条线就可以构成 20 键的键盘，而采用独立式键盘方式的键盘只能多出一键（9 键）。

矩阵式结构的键盘显然比独立式键盘要复杂一些，识别也要复杂一些，图 3-10 中，列线通过电阻接正电源，并将行线所接单片机的 I/O 口作为输出端，而列线所接的 I/O 口则作为输入端。这样，当按键没有按下时，所有的输出端都是高电平，代表无键按下。行线输出是低电平，一旦有键按下，则输入线就会被拉低，这样，通过读入输入线的状态就可得知是否有键被按下了。可采用"行扫描法"确定矩阵式键盘上究竟哪个键被按下了。

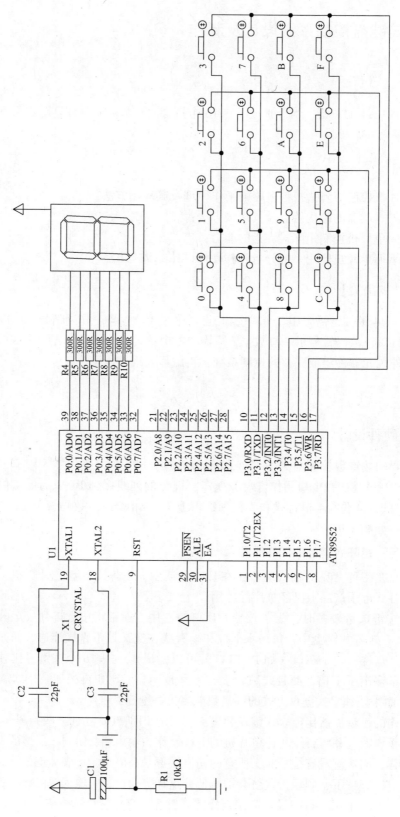

图3-9 矩阵式键盘控制系统接口电路图

行扫描法又称为逐行（或列）扫描查询法，这是一种最常用的按键识别方法。

（1）判断键盘中有无键按下

将全部行线 Y0 ~ Y3 置低电平，然后检测列线的状态。只要有一列的电平为低，则表示键盘中有键被按下，而且闭合的键位于低电平线与 4 根行线相交叉的 4 个按键之中。若所有列线均为高电平，则键盘中无键按下。

（2）判断闭合键所在的位置

在确认有键按下后，即可进入确定具体闭合键的过程。其方法是：依次将行线置为低电平，即在置某根行线为低电平时，其他线为高电平。在确定某根行线位置为低电平后，再逐行检测各列线的电平状态。若某列为低电平，则该列线与置为低电平的行线交叉处的按键就是闭合的按键。

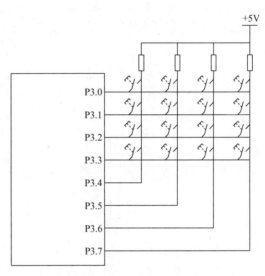

图 3-10　矩阵式键盘的电路连接图

（3）去除键抖动

当检测到有键按下后，延时一段时间再做下一步的检测判断，以去除键抖动。

## 3.2.2　系统软件设计

本系统的应用软件采用模块化设计方法。该系统软件主要由主程序、按键扫描子程序等模块组成。

### 一、算法设计

检测当前是否有键被按下的方法是：若行线 P3.0 ~ P3.3 输出全为 "0"，读取列线 P3.4 ~ P3.7 的状态；若 P3.4 ~ P3.7 输出全为 "1"，则无键闭合，否则有键闭合。

若有键被按下，应识别出是哪一个键闭合，方法是对键盘的行线进行扫描。行线 P3.0 ~ P3.3 按表 3-4 所述的 4 种组合依次输出。

表 3-4　矩阵式键盘行线扫描

| P3.3 | P3.2 | P3.1 | P3.0 | P3 口行线值 | 作　用 |
|------|------|------|------|------------|--------|
| 1 | 1 | 1 | 0 | FEH | 扫描第一行 |
| 1 | 1 | 0 | 1 | FDH | 扫描第二行 |
| 1 | 0 | 1 | 1 | FBH | 扫描第三行 |
| 0 | 1 | 1 | 1 | F7H | 扫描第四行 |

在每组行线 P3.0 ~ P3.3 输出时，读取列线 P3.4 ~ P3.7，若全为 "1"，则表示为 "0" 这一行没有键闭合，否则有键闭合。列线扫描见表 3-5。由此得到闭合键的行值和列值，然后可采用计算法或查表法将闭合键的行值和列值转换成所定义的键值。

为了保证按键每闭合一次 CPU 仅做一次处理，必须去除按键释放时的抖动。

表 3-5　矩阵式键盘列线扫描

| P3 口行线值 | 作　　用 | P3.7 | P3.6 | P3.5 | P3.4 | P3 口列线值 | P3 口值 | 按 键 判 断 |
|---|---|---|---|---|---|---|---|---|
| FEH | 扫描第一列 | 1 | 1 | 1 | 0 | EXH | EEH | 0 |
|  | 扫描第二列 | 1 | 1 | 0 | 1 | DXH | DEH | 1 |
|  | 扫描第三列 | 1 | 0 | 1 | 1 | BXH | BEH | 2 |
|  | 扫描第四列 | 0 | 1 | 1 | 1 | 7XH | 7EH | 3 |
| FDH | 扫描第一列 | 1 | 1 | 1 | 0 | EXH | EDH | 4 |
|  | 扫描第二列 | 1 | 1 | 0 | 1 | DXH | DDH | 5 |
|  | 扫描第三列 | 1 | 0 | 1 | 1 | BXH | BDH | 6 |
|  | 扫描第四列 | 0 | 1 | 1 | 1 | 7XH | 7DH | 7 |
| FBH | 扫描第一列 | 1 | 1 | 1 | 0 | EXH | EBH | 8 |
|  | 扫描第二列 | 1 | 1 | 0 | 1 | DXH | DBH | 9 |
|  | 扫描第三列 | 1 | 0 | 1 | 1 | BXH | BBH | A |
|  | 扫描第四列 | 0 | 1 | 1 | 1 | 7XH | 7BH | B |
| F7H | 扫描第一列 | 1 | 1 | 1 | 0 | EXH | E7H | C |
|  | 扫描第二列 | 1 | 1 | 0 | 1 | DXH | D7H | D |
|  | 扫描第三列 | 1 | 0 | 1 | 1 | BXH | B7H | E |
|  | 扫描第四列 | 0 | 1 | 1 | 1 | 7XH | 77H | F |

　　每个按键有它的行值和列值，行值和列值的组合就是识别这个按键的编码。矩阵的行线和列线分别通过两并行接口与 CPU 通信。每个按键的状态同样需要变成数字量"0"和"1"，开关的一端（列线）通过电阻接 VCC，而接地是通过程序输出数字"0"实现的。

　　键盘处理程序的任务是：确定有无键按下，判断是哪一个键按下，确定键的功能是什么，消除按键在闭合或断开时的抖动。两个并行口中，一个并行口输出扫描码，使按键逐行动态接地，另一个并行口输入按键状态，由行扫描值和回馈信号共同形成键编码而识别按键，通过软件查表，查出该键的功能。

### 二、数据结构设计

　　P0 口用于控制数码管所要显示的字形。

　　P3 口用于控制矩阵式键盘的行线（P3.0 ~ P3.3）和列线（P3.4 ~ P3.7）。

### 三、程序设计

　　先判断键盘中有无键按下，如果有键按下，调用按键扫描程序。按键扫描程序中先扫描第一行，即将行线 P3.0 置低电平（P3 = 0xFE），然后检测列线的状态，由表 3-5 得出第几列，将得到的按键序号显示出来。如果不是第一行，则扫描第二行，即将行线 P3.1 置低电平（P3 = 0xFD），然后检测列线的状态，由表 3-5 得出第几列，将得到的按键序号显示出来。如果不是第二行，则扫描第三行，即将行线 P3.2 置低电平（P3 = 0xFB），然后检测列线的状态，由表 3-5 得出第几列，将得到的按键序号显示出来。如果不是第三行，则扫描第四行，即将行线 P3.3 置低电平（P3 = 0xF7），然后检测列线的状态，由表 3-5 得出第几列，将得到的按键序号显示出来。

主程序设计流程图如图3-11所示。

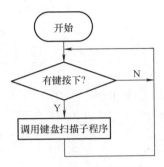

图3-11  主程序设计流程图

按键扫描子程序设计流程图如图3-12所示。

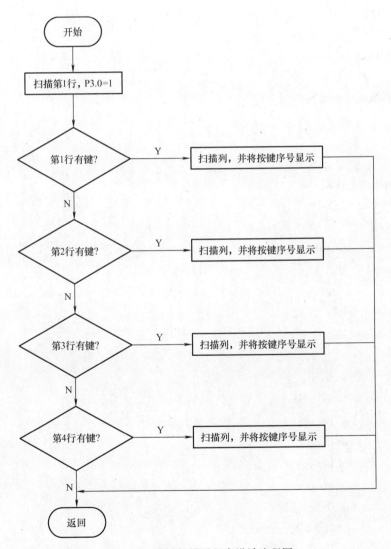

图3-12  按键扫描子程序设计流程图

C 语言源程序参考如下：

```c
#include < reg52. h >
#define uchar unsigned char
#define uint unsigned int
uchar if_key;
uchar code shuma[16] = {0xc0,0xf9,0xa4,0xb0,0x99,0x92,0x82,0xf8,0x80,0x90, 0x88,
                        0x83,0xA7,0xA1,0x86,0x8E};
void delay(uint xms)
{
    uint i,j;
    for(i = xms;i >0;i --)
        for(j = 110;j >0;j --);
}
void display(uchar num)
{
    P0 = shuma[num];
}
void scan()
{
    uchar temp,key;
    P3 = 0xfe;
    temp = P3;
    temp = temp&0xf0;
    if(temp!   = 0xf0)
    {
        temp = P3;
        switch(temp)
        {
            case 0xee:
                key = 0;
                break;
            case 0xde:
                key = 1;
                break;
            case 0xbe:
                key = 2;
                break;
            case 0x7e:
```

```
                    key = 3;
                    break;
        }
        while(temp! = 0xf0)
        {
            temp = P3;
            temp = temp&0xf0;
        }
        display(key);
}


P3 = 0xfd;
temp = P3;
temp = temp&0xf0;
if(temp! = 0xf0)
{
    temp = P3;
    switch(temp)
    {
            case 0xed:
                key = 4;
                break;
            case 0xdd:
                key = 5;
                break;
            case 0xbd:
                key = 6;
                break;
            case 0x7d:
                key = 7;
                break;
    }
    while(temp! = 0xf0)
    {
        temp = P3;
        temp = temp&0xf0;
    }
    display(key);
```

```
                    }
                P3 = 0xfb ;
                temp = P3 ;
                temp = temp&0xf0 ;
                if( temp！ = 0xf0 )
                    {
                        temp = P3 ;
                        switch( temp )
                            {
                                case 0xeb：
                                    key = 8 ;
                                    break ;
                                case 0xdb：
                                    key = 9 ;
                                    break ;
                                case 0xbb：
                                    key = 10 ;
                                    break ;
                                case 0x7b：
                                    key = 11 ;
                                    break ;
                            }
                        while( temp！ = 0xf0 )
                            {
                                temp = P3 ;
                                temp = temp&0xf0 ;
                            }
                        display( key ) ;
                    }
                P3 = 0xf7 ;
                temp = P3 ;
                temp = temp&0xf0 ;
                if( temp！ = 0xf0 )
                    {
                        temp = P3 ;
                        switch( temp )
                            {
                                case 0xe7：
```

```
                    key = 12;
                    break;
            case 0xd7:
                    key = 13;
                    break;
            case 0xb7:
                    key = 14;
                    break;
            case 0x77:
                    key = 15;
                    break;
        }
        while(temp! = 0xf0)
        {
            temp = P3;
            temp = temp&0xf0;
        }
        display(key);
    }
}
void main( )
{
    while(1)
    {
        P3 = 0xf0;
        if_key = P3;
        if(if_key^0xf0! = 0)
        {
            delay(100);
            P3 = 0xf0;
            if_key = P3;
            if(if_key^0xf0! =0) scan( );
        }
    }
}
```

## 3.2.3 系统仿真与调试

当按下 1 号按键时，数码管显示为 "1"，系统仿真运行图如图 3-13 所示。

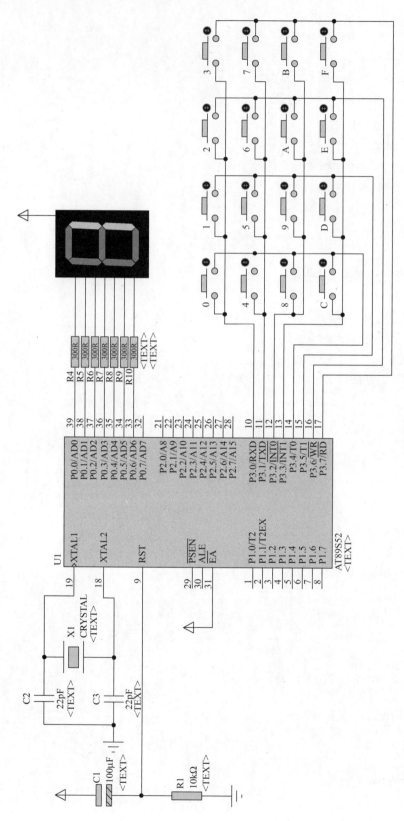

图3-13 矩阵式键盘控制系统仿真运行图

## 【项目检查与评估】

项目考核内容见表3-6。

表 3-6　矩阵式键盘控制系统运行项目评价表

| 考核项目 | 考核内容 | 技术要求 | 评分标准 | 得分 | 备注 |
|---|---|---|---|---|---|
| 总体设计 | ① 任务分析<br>② 方案设计<br>③ 软件和硬件功能划分 | ① 任务明确（5分）<br>② 方案设计合理、有新意（10分）<br>③ 软件和硬件功能划分合理（5分） | 20分 | | |
| 硬件设计 | ① 片内元器件分配<br>② 电路原理图设计<br>③ 电路板制作 | ① 片内元器件分配正确、合理（5分）<br>② 电路原理图设计正确（10分）<br>③ 电路板制作：布线正确、整齐、合理（5分） | 20分 | | |
| 软件设计 | ① 算法和数据结构设计<br>② 流程图设计<br>③ 编程 | ① 算法和数据结构设计正确、合理（5分）<br>② 流程图设计正确、简明（5分）<br>③ 编程正确、有新意（10分） | 20分 | | |
| 系统仿真与调试 | ① 调试顺序<br>② 错误排除<br>③ 调试结果 | ① 调试顺序正确（5分）<br>② 能熟练排除错误（10分）<br>③ 调试后运行正确（5分） | 20分 | | |
| 实训报告 | ① 书写<br>② 内容<br>③ 图形绘制<br>④ 结果分析 | ① 书写规范整齐（5分）<br>② 内容翔实具体（5分）<br>③ 图形绘制正确、完整、全面（5分）<br>④ 能正确分析实验结果（5分） | 20分 | | |
| 评 价 结 果 | | | | | |

## 【项目总结】

本项目通过介绍矩阵式键盘的应用，使读者理解矩阵式键盘的工作原理和应用方法，为进一步实现单片机的人机交互功能的应用奠定了良好基础。

## 【练习与训练】

电路原理图如图3-14所示，请编写一个程序：当按下第1个按键时，数码管显示的内容加1；当按下第2个按键时，数码管显示的内容减1。

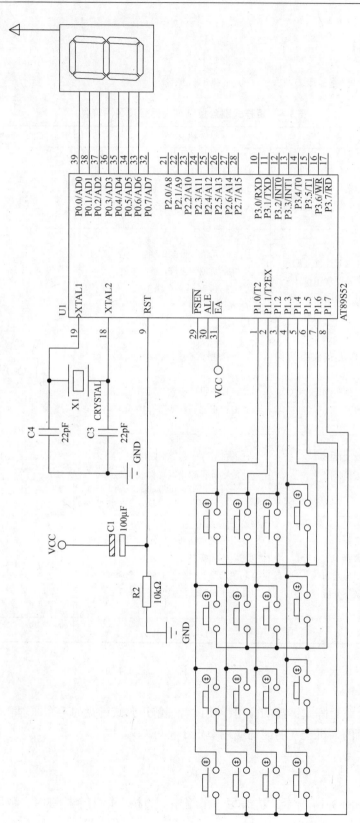

图3-14 矩阵式键盘控制数码管电路原理图

# 项目 4　过路车收费控制系统的设计与制作

过路车收费系统是一种广泛用于高速路口收费站、过桥收费站的电子设备，本项目将对其实现原理和方法进行介绍。

**【任务描述】**

设计一个过路车收费控制系统，用 3 个数码管显示 3 类车型及对应的金额。例如，当来的是 1 类车时，3 个数码管显示 130，表示 1 类车收费 30 元；当来的是 2 类车时，3 个数码管显示 250，表示 2 类车收费 50 元；当来的是 3 类车时，3 个数码管显示 380，表示 3 类车收费 80 元。

**【任务能力目标】**

1. 了解过路车收费的流程；
2. 熟悉单片机串行口的通信原理及应用；
3. 能进行过路车收费控制系统的设计开发。

**【完成任务的计划决策】**

当车辆过来时，计算机通过串行通信将信号传给下位机，显示出对应的内容。串行通信电平通过 MAX232 转换。当来的是 1 类车时，从计算机发送 "01 1E"（十六进制），单片机控制 3 个数码管分别显示 130；当来的是 2 类车时，从计算机发送 "02 32"（十六进制），单片机控制 3 个数码管分别显示 250；当来的是 3 类车时，从计算机发送 "03 50"（十六进制），单片机控制 3 个数码管分别显示 380。

**【实施过程】**

## 4.1　系统硬件设计

根据设计要求，设计电路图如图 4-1 所示。

本设计由于只显示 3 个数字，所以数码管采用静态显示方式，分别用 P0、P2、P1 控制 3 个数码管，前两位数码管显示金额，后一位数码管显示车类。串行口信号通过 RXD 和 TXD 引脚收发。

知识点学习：

MAX232 芯片的内部电路图如图 4-2 所示。

MAX232 芯片是美信公司专门为计算机的 RS232 标准串行口设计的接口电路，使用 5V 单电源供电，该芯片兼容 RS232 标准的芯片。由于计算机串行口 RS232 电平是 - 10 ~ 10V，而一般的单片机应用系统的信号电压是 TTL 电平（0 ~ 5V），MAX232 芯片就是用来实现电平转换的，该器件包含两个驱动器、两个接收器和一个电压发生器电路，其提供 TIA/EIA - 232 - F 电平。每一个接收器将 TIA/EIA - 232 - F 电平转换成 5V 的 TTL 电平，每一个发送器将 5V 的 TTL 电平转换成 TIA/EIA - 232 - F 电平。

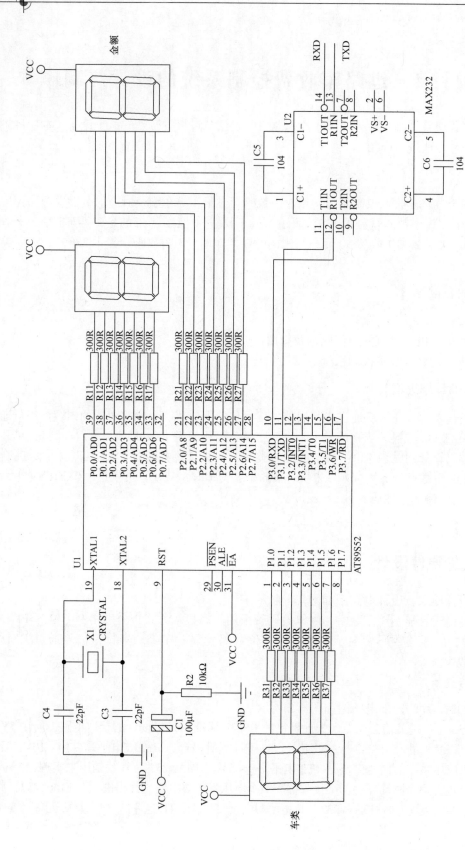

图4-1 过路车收费控制系统电路图

MAX232 芯片的内部结构基本可分为三个部分：

第一部分是电荷泵电路，由 1、3、4、5、6 脚和 4 只电容构成，功能是产生 +10V 和 -10V 两个电源，提供给 RS232 串行口。

第二部分是数据转换通道，由 7、8、9、10、11、12、13、14 脚构成两个数据通道。

TTL/CMOS 数据从 $T1_{IN}$、$T2_{IN}$ 输入转换成 RS232 数据，再从 $T1_{OUT}$、$T2_{OUT}$ 送到计算机 DB9 插头；DB9 插头的 RS232 数据从 $R1_{IN}$、$R2_{IN}$ 输入转换成 TTL/CMOS 数据，再从 $R1_{OUT}$、$R2_{OUT}$ 输出。

第三部分是供电部分，有两个引脚，分别为 15 脚 GND、16 脚 $V_{CC}$（+5V）。

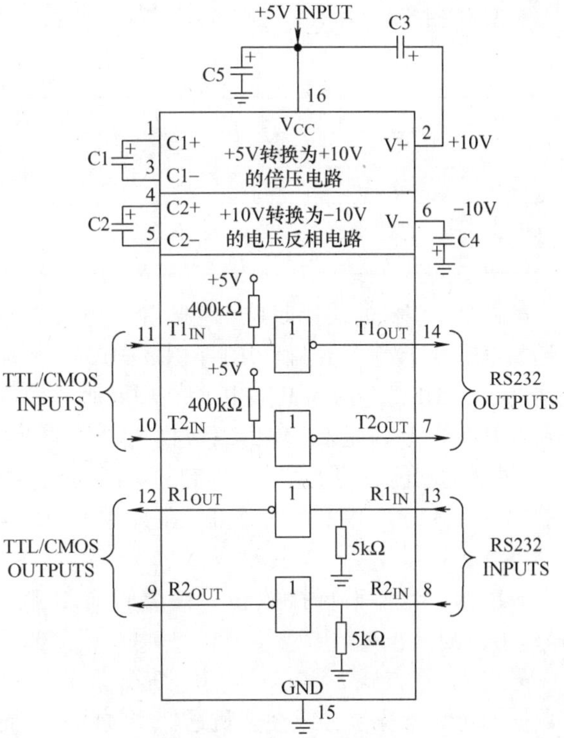

图 4-2 MAX232 芯片的内部电路图

## 4.2 系统软件设计

显示的内容通过串行口进行收发，串行口初始化的一般步骤如下：

1）确定定时器 1 的工作方式：由 TMOD 寄存器决定。

2）计算定时器 1 的初值：由 TH1、TL1 决定。

3）启动定时器 1：TR1 = 1。

4）确定串行口的工作方式：由 SCON 寄存器的 SM0、SM1 决定。

5）允许串行接收，开串行口中断和总中断开关：REN = 1、ES = 1、EA = 1。

**知识点学习：**

1. 传输速率：波特率

波特率是每秒钟传输二进制代码的位数，单位是位/秒（bit/s）。如每秒钟传送 240 个字符，而每个字符格式包含 10 位（1 个起始位、1 个停止位、8 个数据位），这时的比特率为

$$10 \text{bit}/\text{个} \times 240 \text{ 个}/\text{s} = 2400 \text{ bit}/\text{s}$$

2. 串行口相关的控制寄存器

SCON 是一个特殊功能寄存器，用于设定串行口的工作方式、接收/发送控制以及设置状态标志。SCON 寄存器各位的情况见表 4-1。

表 4-1 SCON 特殊功能寄存器

| 位 | 7 | 6 | 5 | 4 | 3 | 2 | 1 | 0 | |
|---|---|---|---|---|---|---|---|---|---|
| 字节地址：98H | SM0 | SM1 | SM2 | REN | TB8 | RB8 | TI | RI | SCON |

● SM0 和 SM1 为工作方式选择位，可选择四种工作方式，见表 4-2。

表 4-2　串行口工作方式

| SM0 | SM1 | 方　式 | 说　明 | 波　特　率 |
|---|---|---|---|---|
| 0 | 0 | 0 | 移位寄存器 | $f_{osc}/12$ |
| 0 | 1 | 1 | 10 位异步收发器（8 位数据） | 可变 |
| 1 | 0 | 2 | 11 位异步收发器（9 位数据） | $f_{osc}/64$ 或 $f_{osc}/32$ |
| 1 | 1 | 3 | 11 位异步收发器（9 位数据） | 可变 |

● SM2，多机通信控制位，主要用于方式 2 和方式 3。当接收机的 SM2 = 1 时可以利用收到的 RB8 来控制是否激活 RI（RB8 = 0 时不激活 RI，收到的信息丢弃；RB8 = 1 时收到的数据进入 SBUF，并激活 RI，进而在中断服务中将数据从 SBUF 读走）。当 SM2 = 0 时，不论收到的 RB8 是 0 还是 1，均可以使收到的数据进入 SBUF，并激活 RI（即此时 RB8 不具有控制 RI 激活的功能）。通过控制 SM2，可以实现多机通信。

在方式 0 时，SM2 必须是 0。在方式 1 时，若 SM2 = 1，则只有接收到有效停止位时，RI 才置 1。

● REN，允许串行接收位。由软件置 REN = 1，则启动串行口接收数据；若软件置 REN = 0，则禁止接收。

● TB8，在方式 2 或方式 3 中，是发送数据的第九位，可以用软件规定其作用。可以用作数据的奇偶校验位，或在多机通信中，作为地址帧/数据帧的标志位。

在方式 0 和方式 1 中，该位未用。

● RB8，在方式 2 或方式 3 中，是接收到数据的第九位，作为奇偶校验位或地址帧/数据帧的标志位。在方式 1 中，若 SM2 = 0，则 RB8 是接收到的停止位。

● TI，发送中断请求标志位。在方式 0 中，当串行发送完第 8 位数据时，由内部硬件自动置 TI 为 1，向 CPU 请求中断。在其他方式中，则在发送完停止位时，由内部硬件置 TI 为 1，向 CPU 请求中断。响应中断后必须用软件复位 TI 为 0。

● RI，接收中断标志位。在方式 0 中，当串行接收完第 8 位数据时，由内部硬件使 RI 置 1，向 CPU 发中断申请。在其他方式中，当串行接收完停止位时，由内部硬件使 RI 置 1，向 CPU 发中断申请。响应中断后必须用软件复位 RI 为 0。

PCON 中只有一位 SMOD 与串行口工作有关，见表 4-3。

表 4-3　PCON 特殊功能寄存器

| 位 | 7 | 6 | 5 | 4 | 3 | 2 | 1 | 0 | |
|---|---|---|---|---|---|---|---|---|---|
| 字节地址：97H | SMOD | | | | | | | | PCON |

SMOD（PCON.7）是串行通信波特率倍增位。在串行口方式 1、方式 2、方式 3 时，波特率与 SMOD 有关，当 SMOD = 1 时，波特率提高 1 倍。复位时，SMOD = 0。

3. 波特率的计算

在串行通信中，收发双方对发送或接收数据的速率要有约定。通过软件编程可对单片机串行口的四种工作方式进行设定，其中方式 0 和方式 2 的波特率是固定的，而方式 1 和方式 3 的波特率是可变的，由定时器 T1 的溢出率来决定。

串行口的四种工作方式对应三种波特率。由于输入的移位时钟的来源不同，所以，各种方式的波特率计算公式也不相同。

方式 0 的波特率 $= f_{osc}/12$

方式 2 的波特率 $= (2^{SMOD}/64) \times f_{osc}$

方式 1 的波特率 $= (2^{SMOD}/32) \times T1$ 溢出率

方式 3 的波特率 $= (2^{SMOD}/32) \times T1$ 溢出率

当 T1 作为波特率发生器时，最典型的用法是使 T1 工作在自动再装入的 8 位定时器方式（即方式 2，且 TCON 的 TR1 = 1，以启动定时器）。这时溢出率取决于 TH1 中的计数值。

$$T1 \ 溢出率 = f_{osc}/\{12 \times [256 - (TH1)]\}$$

根据以上公式即可算出定时器初值。

在本系统编程时，数码管显示内容分别放在变量 chelei、jine 中。显示子程序如下：

```
void display( )
{
    P3 = shuma_code[ chelei ] ;
    P0 = shuma_code[ jine/10 ] ;
    P2 = shuma_code[ jine%10 ] ;
}
```

串行口初始化子程序如下：

```
TMOD = 0x20 ;
TH1 = 0xe6 ;
TL1 = 0xe6 ;
TR1 = 1 ;
SCON = 0x50 ;
PCON = 0 ;
REN = 1 ;
EA = 1 ;
ES = 1 ;
```

串行口接收子程序如下：

```
void rs232( void) interrupt 4
{
    RI = 0 ;
    chelei = SBUF ;
    while( RI == 0) ;
    RI = 0 ;
    jine = SBUF ;
}
```

完整的程序如下：

```
#include < reg51. h >
unsigned char chelei,jine;
unsigned char code shuma_code[ 10 ] = {0x81,0xed,0x43,0x49,0x2d,0x19, 0x11,0xcd,
                                       0x01,0x09} ;

void rs232( void) interrupt 4
```

```
    {
        RI = 0 ;
        chelei = SBUF ;
        while( RI == 0 ) ;
        RI = 0 ;
        jine = SBUF ;
        display( )
    }
    void display( )
    {
        P3 = shuma_code[ chelei ] ;
        P0 = shuma_code[ jine/10 ] ;
        P2 = shuma_code[ jine%10 ] ;
    }
    void main( )
    {
        TMOD = 0x20 ;
        TH1 = 0xe6 ;
        TL1 = 0xe6 ;
        TR1 = 1 ;
        SCON = 0x50 ;
        PCON = 0 ;
        REN = 1 ;
        EA = 1 ;
        ES = 1 ;
        chelei = 00 ;
        jine = 00 ;
        P0 = shuma_code[ 0 ] ;
        P2 = shuma_code[ 0 ] ;
        P3 = shuma_code[ 0 ] ;
        while( 1 ) ;
    }
```

【练习与训练】

一、设计一个过路车收费控制系统，电路图如图 4-3 所示，用 3 个数码管显示 3 类车型及对应的金额。例如，当来的是 1 类车时，按下按键 KEY1，3 个数码管显示 130，表示 1 类车收费 30 元；当来的是 2 类车时，按下按键 KEY2，3 个数码管显示 250，表示 2 类车收费50 元；当来的是 3 类车时，按下按键 KEY3，3 个数码管显示 380，表示 3 类车收费 80 元。

二、编写一个完整的程序，当系统上电时，P0、P2 口控制的两个数码管显示 "00"，当按下按键 KEY 时，显示的内容加 1，同时将数字通过串行口发送到计算机上。

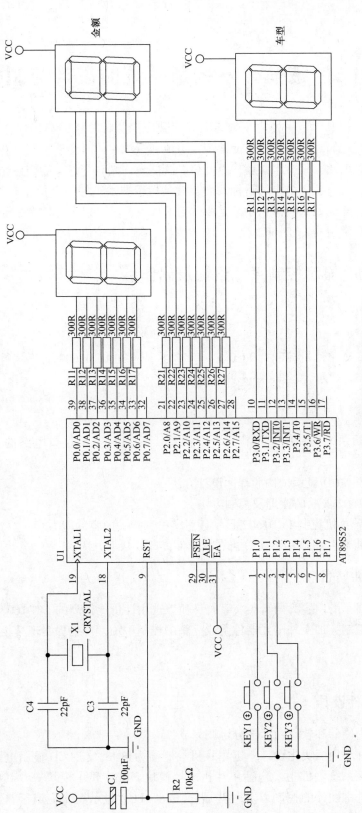

图 4-3　按键控制过路车收费控制系统电路图

# 项目5 液晶显示控制系统的设计与制作

液晶显示器（LCD）是一种用于数字型仪表和便携式计算机的显示器件。LCD使用了两片极化材料，在它们之间是液体水晶溶液。电流通过该液体时会使水晶重新排列，以使光线无法透过它们。因此，每个水晶就像百叶窗，既能允许光线穿过又能挡住光线。目前科技信息产品都朝着轻、薄、短、小的目标发展，液晶显示技术正好切合信息产品的发展潮流，无论是直角显示、耗电量低、体积小还是零辐射等优点，都可以令使用者享受到更佳的视觉效果。本项目将对常用的LCD1602和LCD12864显示控制系统进行介绍。

## 5.1 LCD1602显示控制系统设计及制作

### 【任务描述】

设计并制作一个单片机控制的LCD显示字符系统，在LCD1602的第一行显示"I am a student！"，在第二行显示"I like study！"。

### 【任务能力目标】

1. 建立单片机系统设计的基本概念，掌握单片机LCD显示接口电路的工作原理及其应用；
2. 掌握单片机LCD显示接口的程序设计方法；
3. 熟悉LCD1602液晶的原理及控制方法；
4. 具有应用单片机控制LCD1602显示任意字符和相关内容的能力；
5. 进一步掌握单片机应用系统分析和软硬件设计的基本方法。

### 【完成任务的计划决策】

本系统要求显示的内容为两行英文字符，所以选用性价比很高的LCD1602，由AT89S52作为控制器进行控制，加上外围元器件组成完整的控制系统，再编程实现其相应功能。

### 【实施过程】

### 5.1.1 系统硬件设计

本系统功能由硬件和软件两大部分协调完成。

本系统的硬件采用模块化设计，以单片机控制器为核心，与LCD显示电路等组成LCD显示控制系统。该系统硬件主要包括单片机主控模块、LCD显示模块等。其中，单片机主控模块主要完成外围硬件的控制以及一些运算功能，LCD显示模块完成字符、数字的显示功能。LCD显示控制系统硬件组成框图如图5-1所示。

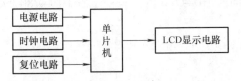

图5-1 LCD显示控制系统硬件组成框图

本系统的应用软件也采用模块化设计方法。该系统软件主要由主程序、LCD初始化子程序、写入指令数据到LCD子程序、写入显示数据到LCD子程序、字符显示子程序、延时子程序等模块组成,系统软件结构框图如图5-2所示。

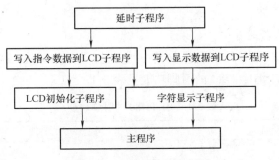

图5-2 系统软件结构框图

## 一、主控模块设计

本项目采用Atmel公司生产的AT89S52单片机,该芯片能满足本系统的控制要求。

## 二、LCD显示模块设计

字符型液晶显示模块是一种专门用于显示字母、数字、符号等的点阵式LCD,目前常用的有16×1行、16×2行、20×2行和40×2行等模块。

在本项目中,LCD显示模块选用1602字符型LCD模块,其控制器为日立公司生产的HD44780,可以用来显示数字、字符等。

1. 点阵字符型LCD的接口特性

点阵字符型LCD是专门用于显示数字、字母、图形符号及少量自定义符号的液晶显示器。这类显示器把LCD控制器、点阵驱动器、字符存储器、显示体及少量的阻容元件等集成为一个液晶显示模块。鉴于字符型液晶显示模块目前在国际上已经规范化,其电特性及接口特性是统一的。因此,只要设计出一种型号的接口电路,在指令上稍加修改即可使用各种规格的字符型液晶显示块。下面主要介绍字符型液晶显示模块的控制器。

字符型液晶显示模块的控制器大多数为日立公司生产的HD44780及其兼容的控制电路,如8ED1278(SEIKOEPSON)、KS0066(SAMSUNG)、NJU6408T等。

2. 点阵字符型液晶显示模块的基本特点

点阵字符型液晶显示模块的主要特点如下:

1)液晶显示屏是以若干5×8或5×11点阵块组成的显示字符群。每个点阵块为一个字符位,字符间距和行距都为一个点的宽度。

2)主控制电路为HD44780及其他公司的全兼容电路。因此,从程序员的角度来说,

LCD 的显示接口与编程是面向 HD44780 的，只要了解 HD44780 的编程结构即可进行 LCD 的显示编程。

3）内部具有字符发生器 ROM，可显示 192 种字符（160 个 5×7 点阵字符和 32 个 5×10 点阵字符）。

4）具有 64B 的自定义字符 RAM，可以定义 8 个 5×8 点阵字符或 4 个 5×11 点阵字符。

5）具有 64B 的数据显示 RAM，供进行显示编程时使用。

6）标准接口，与 M68HC08 系列 MCU 容易接口。

7）模块结构紧凑、轻巧、装配容易。

8）单 +5V 电源供电（宽温型需要加 7V 驱动电源）。

9）低功耗、高可靠性。

3. HD44780 的引脚与时序

HD44780 的外部接口信号线一般有 16 条，与 MCU 的接口有 8 条数据线 DB0 ~ DB7 和 3 条控制线 RS、R/W、E，HD44780 的引脚功能见表 5-1。

表 5-1　HD44780 的引脚功能

| 引脚 | 符号 | 状态 | 功　能 |
|---|---|---|---|
| 1 | $V_{SS}$ | | 电源地 |
| 2 | $V_{DD}$ | | 电源正极，接 +5V |
| 3 | $V_L$ | | 液晶显示偏压 |
| 4 | RS | 输入 | 寄存器选择：为 1 时选择数据寄存器；为 0 时选择指令寄存器 |
| 5 | R/W | 输入 | R/W 为读写选择线：为 1 时进行读操作；为 0 时进行写操作 |
| 6 | E | 输入 | 使能信号 |
| 7 | DB0 | 三态 | 数据总线（LSB） |
| 8 | DB1 | 三态 | 数据总线 |
| 9 | DB2 | 三态 | 数据总线 |
| 10 | DB3 | 三态 | 数据总线 |
| 11 | DB4 | 三态 | 数据总线 |
| 12 | DB5 | 三态 | 数据总线 |
| 13 | DB6 | 三态 | 数据总线 |
| 14 | DB7 | 三态 | 数据总线 |
| 15 | A | | 背光源正极 |
| 16 | K | | 背光源负极 |

控制器 HD44780 的信号功能控制见表 5-2。

表 5-2　HD44780 的信号功能

| RS | R/W | E | 功　能 |
|---|---|---|---|
| 0 | 0 | 下降沿 | 写指令代码 |
| 0 | 1 | 高电平 | 读忙标志和 AC 值 |
| 1 | 0 | 下降沿 | 写数据 |
| 1 | 1 | 高电平 | 读数据 |

从图 5-3 给出的时序图可以知道数据写入的条件：寄存器 RS 为高电平，读/写标志 R/W 为低电平，建立地址，接下来使能信号 E 为高电平，数据被写入，当使能端 E 为下降沿的时候数据完全建立。从地址的建立、保持到数据的建立、保持结束，整个过程需要的时间至少为 355ns。

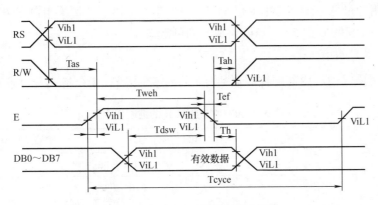

图 5-3　1602LCD 写操作的时序图

4. HD44780 的编程结构

从编程的角度看，HD44780 内部主要由指令寄存器（IR）、数据寄存器（DR）、忙标志（BF）、地址计数器（AC）、显示数据寄存器（DDRAM）、字符发生器 ROM（CGROM）、字符发生器 RAM（CGRAM）及时序发生电路构成。

（1）指令寄存器（IR）

IR 用于 MCU 向 HD44780 写入指令码，IR 只能写入，不能读出。当 RS = 0、R/W = 0 时，数据线 DB7 ~ DB0 上的数据写入指令寄存器 IR。

（2）数据寄存器（DR）

DR 用于寄存数据。当 RS = 1、R/W = 0 时，数据线 DB7 ~ DB0 上的数据写入数据寄存器 DR，同时 DR 的数据由内部操作自动写入 DDRAM 或 CGRAM。当 RS = 1、R/W = 1 时，内部操作将 DDRAM 或 CGRAM 送到 DR 中，通过 DR 送到数据总线 DB7 ~ DB0 上。

（3）忙标志（BF）

令 RS = 0、R/W = 1，在 E 信号高电平的作用下，BF 输出到总线的 DB7 上，MCU 可以读出判别。BF = 1，表示组件正在进行内部操作，不能接收外部指令或数据。

（4）地址计数器（AC）

AC 作为 DDRAM 或 CGRAM 的地址指针。如果地址码随指令写入 IR，则 IR 的地址码部分自动装入地址计数器 AC 之中，同时选择了相应的 DDRAM 或 CGRAM 单元。AC 具有自动加 1 和自动减 1 功能：当数据从 DR 送到 DDRAM（或 CGRAM）时，AC 自动加 1；当数据从 DDRAM（或 CGRAM）送到 DR 时，AC 自动减 1。当 RS = 0、R/W = 1 时，在 E 信号高电平的作用下，AC 的内容送到 DB7 ~ DB0。

（5）显示数据寄存器（DDRAM）

DDRAM 用于存储显示数据，共有 80 个字符码。对于不同的显示行数及每行字符个数，所使用的地址有所不同。

（6）字符发生器 ROM（CGROM）

CGROM 由 8 位字符码生成 160 种 5×7 点阵字符和 32 种 5×10 点阵字符。

（7）字符发生器 RAM（CGRAM）

CGRAM 是提供给用户自造特殊字符用的，它的容量仅为 64B，编址为 00H ~ 3FH。作为字符字模使用的仅是一个字节中的低 5 位，每个字节的高 3 位留给用户作为数据存储器使用。如果用户自定义字符由 5×7 点阵构成，则可定义 8 个字符。

5. 1602 字符型 LCD 指令集

1602 字符型液晶模块内部的控制器共有 11 条控制指令，指令格式及功能见表 5-3。

表 5-3　1602 字符型 LCD 的控制指令集

| 序号 | 指令名称 | 控制信号 | | 数据信号 | | | | | | | |
| --- | --- | --- | --- | --- | --- | --- | --- | --- | --- | --- | --- |
| | | RS | R/W | D7 | D6 | D5 | D4 | D3 | D2 | D1 | D0 |
| 1 | 清屏 | 0 | 0 | 0 | 0 | 0 | 0 | 0 | 0 | 0 | 1 |
| 2 | 光标复位 | 0 | 0 | 0 | 0 | 0 | 0 | 0 | 0 | 1 | * |
| 3 | 输入模式设置 | 0 | 0 | 0 | 0 | 0 | 0 | 0 | 1 | I/D | S |
| 4 | 显示开/关控制 | 0 | 0 | 0 | 0 | 0 | 0 | 1 | D | C | B |
| 5 | 光标或字符移位 | 0 | 0 | 0 | 0 | 0 | 1 | S/C | R/L | * | * |
| 6 | 功能设置 | 0 | 0 | 0 | 0 | 1 | DL | N | F | * | * |
| 7 | 设置字符发生器地址 | 0 | 0 | 0 | 1 | 字符发生器地址 | | | | | |
| 8 | 设置数据存储器地址 | 0 | 0 | 1 | 显示数据存储器地址 | | | | | | |
| 9 | 读忙标志或地址 | 0 | 1 | BF | 计数器地址 | | | | | | |
| 10 | 写数据到 DDRAM 或 CGRAM | 1 | 0 | 写入的数据内容 | | | | | | | |
| 11 | 从 DDRAM 或 CGRAM 读数据 | 1 | 1 | 读出的数据内容 | | | | | | | |

注："*"表示任意值，在实际应用时一般认为是"0"。1 为高电平，0 为低电平。

1602 型液晶模块的读写操作、屏幕和光标的操作都是通过指令编程来实现的。

1）指令 1：清屏指令。

指令码为 01H，清屏指令使 DDRAM 的内容全部被清除，光标复位到 00H 位置，地址计数器 AC = 0。

运行时间（250kHz）：1.64ms。

2）指令 2：光标复位指令。

使光标和光标所在位的字符回原点（屏幕的左上角），但 DDRAM 单元内容不变。地址计数器 AC = 0。

运行时间（250kHz）：1.64ms。

3）指令 3：输入模式设置指令。

该指令设置光标和显示模式。

I/D——设置光标移动方向。I/D = 1 时，数据读写操作后，AC 自动增 1，光标右移；I/D = 0 时，数据读写操作后，AC 自动减 1，光标左移。

S——屏幕上所有字符是否左移或者右移。S = 1 时显示字符将全部左移（I/D = 1 时）或全部右移（I/D = 0 时），此时光标看上去未动，仅仅是显示内容移动；S = 0 时显示字符不移动，光标左移（I/D = 1 时）或右移（I/D = 0 时）。

4）指令 4：显示开/关控制指令。

该指令设置显示、光标及闪烁开、关。

D——控制整体显示的开与关。D = 1，开显示（Display ON）；D = 0，关显示（Display OFF）。

C——控制光标的开与关。C = 1，开光标显示；C = 0，关光标显示。

B——控制光标是否闪烁。B = 1，光标所指的字符同光标一起以 0.4s 交变闪烁；B = 0，不闪烁。

运行时间（250kHz）：40μs。

5）指令 5：光标或字符移位指令。

该指令使光标或字符在没有对 DDRAM 进行读写操作时被左移或右移，不影响 DDRAM。

S/C = 0、R/L = 0 时，光标左移一个字符位，AC 自动减 1。

S/C = 0、R/L = 1 时，光标右移一个字符位，AC 自动加 1。

S/C = 1、R/L = 0 时，光标和字符一起左移一个字符位。

S/C = 1、R/L = 1 时，光标和字符一起右移一个字符位。

运行时间（250kHz）：40μs。

6）指令 6：功能设置指令。

该指令为工作方式设置命令（初始化命令）。对 HD44780 初始化时，需要设置数据接口位数 DL（4 位或 8 位）、显示行数 N、点阵模式 F（5 × 7 或 5 × 10）。

DL——设置数据接口位数。DL = 0，8 位数据总线 DB7 ~ DB0；DL = 1，4 位数据总线 DB7 ~ DB4，在此方式下数据操作需两次完成。

N——设置显示行数。N = 1，双行显示；N = 0，单行显示。

F——设置点阵模式。F = 0，显示 5 × 7 的点阵字符；F = 1，显示 5 × 10 的点阵字符。

运行时间（250kHz）：40μs。

7）指令 7：设置 CGRAM 地址。

该指令设置 CGRAM 地址指针。

A5 ~ A0 = 00 0000 ~ 11 1111。地址码 A5 ~ A0 被送入 AC 中。此后，就可以将用户自定义的显示字符数据写入 CGRAM 或从 CGRAM 中读出。

运行时间（250kHz）：40μs。

8）指令 8：设置 DDRAM 地址。

该指令设置 DDRAM 地址指针。

若是单行显示，地址码 A6 ~ A0 = 00H ~ 4FH 有效；若是双行显示，首行地址码 A6 ~ A0 = 00H ~ 27H 有效，次行地址码 A6 ~ A0 = 40H ~ 67H 有效。此后，就可以将显示字符码写入 DDRAM 或从 DDRAM 中读出。

运行时间（250kHz）：40μs。

9）指令 9：读忙标志或地址。

该指令读取 BF 及 AC。

BF 为内部操作忙标志。BF = 1，表示忙，此时模块不能接收命令；BF = 0，表示不忙，此时模块能够接收命令。

AC6 ~ AC0 为地址计数器 AC 的值。当 BF = 0 时，送到 DB6 ~ DB0 的数据（AC6 ~ AC0）有效。

10）指令 10：写数据到 DDRAM 或 CGRAM。

该指令根据最近设置的地址性质，将数据写入 DDRAM 或 CGRAM 中。实际上，数据被直接写入 DR，再由内部操作写入地址指针所指的 DDRAM 或 CGRAM。

运行时间（250kHz）：4μs。

11）指令 11：读出 DDRAM 或 CGRAM 数据。

该指令根据最近设置的地址性质，从 DDRAM 或 CGRAM 读数据到总线 DB7 ~ DB0 上。

运行时间（250kHz）：40μs。

6. LCD1602 与单片机的接口设计

LCD1602 显示模块可以与 AT89S52 单片机直接接口，LCD1602 的 8 位双向数据线 D0 ~ D7 连接 P0 口线的 P0.0 ~ P0.7，LCD1602 的使能信号 E 连接 P2 口线的 P2.2。LCD1602 的读/写选择信号 R/W 连接 P2 口线的 P2.1，当 P2.1 = 0 时为写数据信号，当 P2.1 = 1 时为读数据信号。LCD1602 的数据/命令选择信号 RS 连接 P2 口线的 P2.0，当 P2.0 = 0 时为命令信号，当 P2.0 = 1 时为数据信号。LCD1602 的 VDD 引脚接 + 5V 电源，引脚 VSS 接地。LCD1602 显示模块与单片机 AT89S52 的接口电路如图 5-4 所示。

## 5.1.2 系统软件设计

### 一、算法设计

把需要显示的内容设计成表格，利用查表程序实现。

### 二、数据结构设计

LCD1602 的使能信号 E 定义为 P2 口线的 P2.2。

LCD1602 的读/写选择信号 R/W 定义为 P2 口线的 P2.1，0 为写数据信号，1 为读数据信号。

LCD1602 的数据/命令选择信号 RS 定义为 P2 口线的 P2.0，0 为命令信号；1 为数据信号。

LCD1602 的 8 位双向数据线 D7 ~ D0 信号 LCDPORT 定义为 P0 口线。

LCD1602 的写入命令入口参数 CMD_ BYTE 定义为片内数据存储器的 30H 单元。

LCD1602 的写入显示数据入口参数 DAT_ BYTE 定义为片内数据存储器的 31H 单元。

### 三、程序设计

1. 主程序设计

主程序主要完成硬件初始化、子程序调用等功能。

（1）初始化

通过初始化设置堆栈栈底为 60H，调用 LCD 初始化子程序完成对 LCD 的初始化设置。

（2）字符显示

完成对 LCD 初始化后，调用 LCD 字符显示子程序显示第一行字符和第二行字符。

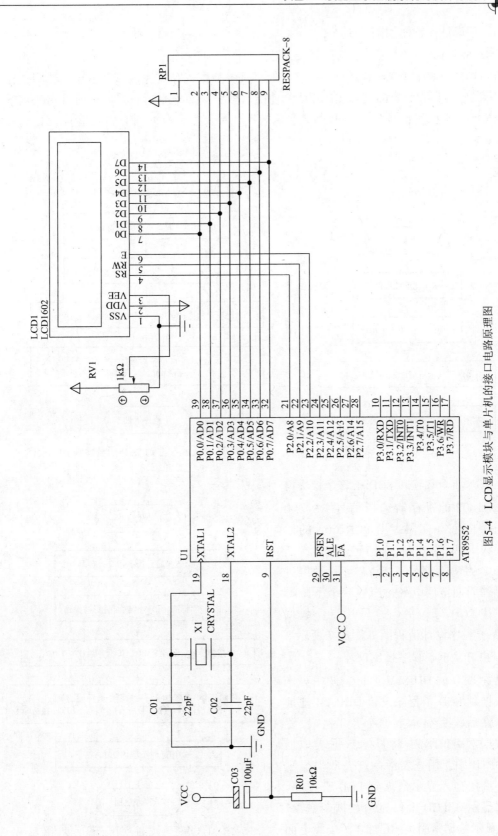

图5-4 LCD显示模块与单片机的接口电路原理图

主程序设计流程图如图 5-5 所示。

2. 写入显示数据到 LCD 子程序模块设计

当 LCD1602 的寄存器选择信号 RS 为 1 时，选择数据寄存器；当 LCD1602 的读写选择线 R/W 为 0 时，进行写操作；当 LCD1602 的使能信号 E 至高电平后再过两个时钟周期至低电平，产生一个下降沿信号，往 LCD 写入显示数据。写入显示数据到 LCD 子程序设计流程图如图 5-6 所示。

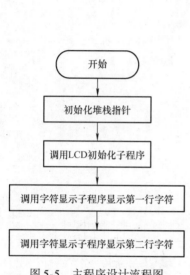

图 5-5　主程序设计流程图

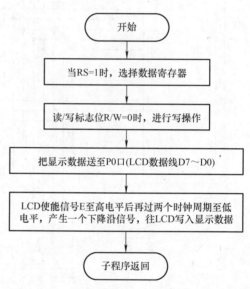

图 5-6　写入显示数据到 LCD 子程序设计流程图

3. 写入指令数据到 LCD 子程序模块设计

LCD1602 的寄存器选择信号 RS 为 0 时，选择指令寄存器；当 LCD1602 的读写选择线 R/W 为 0 时，进行写操作；当 LCD1602 的使能信号 E 至高电平后再过两个时钟周期至低电平，产生一个下降沿信号，往 LCD 写入指令。写入指令数据到 LCD 子程序设计流程图如图 5-7 所示。

4. 字符显示子程序模块设计

设置 LCD 的 DDRAM 地址，调用写入指令数据到 LCD 子程序设置 DDRAM 地址指针；然后设置显示数据个数 R7，设置显示数据索引值 R6，将显示数据表地址送入 DPTR 中，用查表指令查表取得显示数据，调用写入显示数据到 LCD 子程序，使数据显示在 LCD 上；显示数据个数 R7 减 1，显示数据索引值 R6 加 1，按照上面

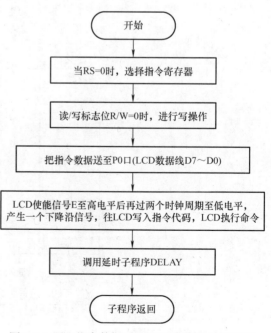

图 5-7　写入指令数据到 LCD 子程序设计流程图

的步骤显示下一个数据，直到显示数据个数 R7 为 0，所有字符均显示在 LCD 上。字符显示子程序设计流程图如图 5-8 所示。

5. LCD 初始化子程序模块设计

1602 字符型 LCD 的初始化过程如下：

1）延时 15ms，写指令 38H（不检测忙信号）；

2）延时 5ms，写指令 38H（不检测忙信号）；

3）延时 5ms，写指令 38H（不检测忙信号）。以后每次写指令、读/写数据操作均需要检测忙信号 BF；

4）写指令 38H：显示模式设置；

5）写指令 08H：显示关闭；

6）写指令 01H：显示清屏；

7）写指令 06H：显示光标移动设置；

8）写指令 0CH：显示开及光标设置。

根据上述初始化过程，LCD 初始化子程序设计流程图如图 5-9 所示。

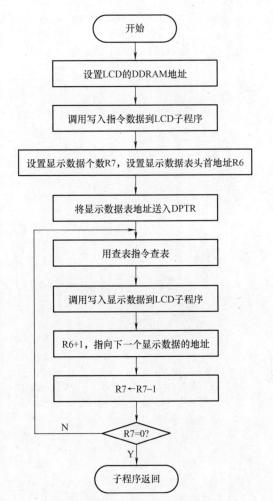

图 5-8 字符显示子程序设计流程图

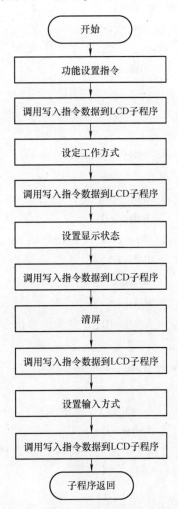

图 5-9 LCD 初始化子程序设计流程图

6. 延时子程序模块设计

延时子程序模块设计请参考本书"项目1"。

## 四、C 语言源程序

```c
//功能:用 LCD1602 液晶显示器显示两行字,第一行显示"I am a student!",第二行显示
//"I like study!"
#include < reg51. h >
#define uchar unsigned char
#define uint unsigned int
sbit lcden = P2^2;
sbit lcdrw = P2^1;
sbit lcdrs = P2^0;
uchar code table[16] = {"I am a student!"};
uchar code table1[16] = {"I like study!"};
uchar num;
void delay(uint z)
{
    uint x,y;
    for(x = z;x >0;x -- )
        for(y = 110;y >0;y -- );
}
void write_com(uchar com)//写指令
{
    lcdrs =0;
    lcdrw =0;
    P0 = com;//把指令给 com 口
    delay(5);
    lcden =1;//打开高脉冲
    delay(5);
    lcden =0;//发送脉冲指令完毕
}
void write_data(uchar date)//写数据
{
    lcdrs =1;
    lcdrw =0;
    P0 = date;//将数据发给 P0 口
    delay(5);
    lcden =1;
    delay(5);
```

```
        lcden = 0;
    }

    void init( )
    {
        lcden = 0;
        write_com(0x38);
        write_com(0x0e);//打开显示光标并闪烁
        write_com(0x06);//光标加1,整屏不移动
        write_com(0x01);//所有显示清零
    }
    void main( )
    {
        init( );
        write_com(0x80);//数据指针初始化,即在第一位显示第一个数据
        for( num = 0; num < 16; num ++ )
        {
            write_data( table[ num ] );
            delay( 200 );
        }
         write_com(0x80 + 0x40);//第二行的第一位显示的第一个数据
        for( num = 0; num < 16; num ++ )
        {
            write_data( table1[ num ] );
            delay( 200 );
        }
        while( 1 );
    }
```

## 5.1.3　系统仿真与调试

LCD1602 仿真图如图 5-10 所示。

**【项目总结】**

本项目从一个简单的液晶 LCD1602 显示任务入手，介绍了液晶的显示原理和单片机对液晶的控制方法，建立起了单片机对液晶显示控制的实现方法，并编程实现了相关内容的显示。

**【练习与训练】**

1. 设计一个 LCD1602 的控制系统，液晶显示器在第一行中间位置显示变量 shu 的内容，shu 开始显示 00。当每按下一次 KEY1 时，显示内容加 1；当每按下一次 KEY2 时，显示内容减 1。

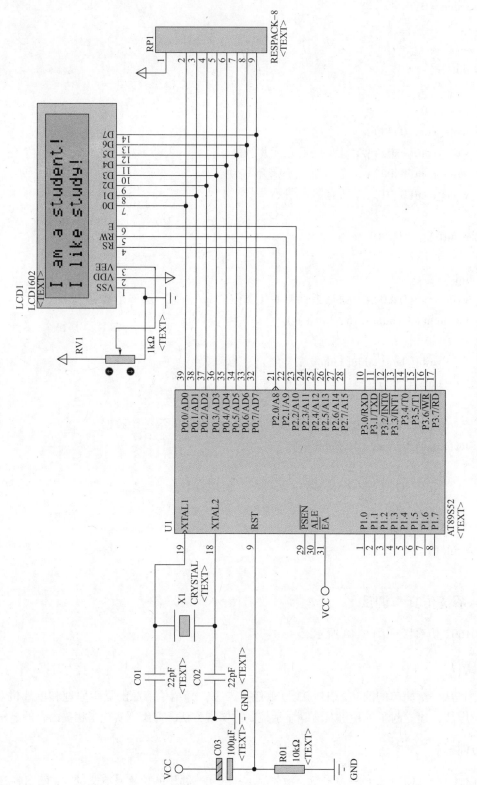

图5-10  LCD1602仿真图

2. 设计一个 LCD1602 的控制系统，要求液晶显示器在第一行显示时分秒，实现电子时钟功能。

## 5.2　LCD12864 显示控制系统设计及制作

### 【任务描述】

设计并制作一个基于单片机控制的超声波测距显示系统，在 LCD12864 的第一行显示出测量的距离。

### 【任务能力目标】

1. 进一步掌握单片机 LCD 显示接口电路的工作原理及其应用；
2. 熟悉 LCD12864 液晶的原理及控制方法；
3. 具有应用单片机控制 LCD12864 显示任意内容的能力；
4. 进一步掌握单片机应用系统分析和软硬件设计的基本方法。

### 【完成任务的计划决策】

本系统需要对距离进行测量，所以需要用超声波传感器进行检测，并用带中文字库的 LCD12864 液晶来显示测量值。

### 5.2.1　系统硬件设计

#### 一、测距传感器

##### 1. 测距原理

本仪器采用超声波渡越时间检测法。其原理为：检测从超声波发射器发出的超声波，经气体介质的传播到接收器的时间，即渡越时间。渡越时间与气体中的声速相乘，就是声波传输的距离。考虑实际情况，采用异地脉冲反射式来测距。其工作原理框图如图 5-11 所示。

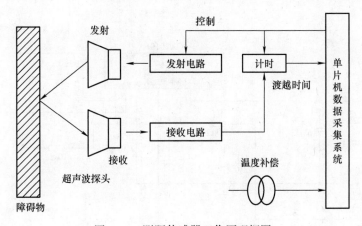

图 5-11　测距传感器工作原理框图

整个系统由单片机来控制，启动测量时，由单片机发出一个控制信号去触发发射电路，使发射电路起振，驱动超声波发射器发射出一串超声波脉冲（十几个脉冲），同时启动单片机的计数器，开始计数，也就是开始测量渡越时间。当 INT0 引脚的电平由高电平变为低电平时就认为超声波已经返回。计数器所计的数据就是超声波所经历的时间，通过换算就可以得到传感器与障碍物之间的距离。此时计数器中的值，即是所要检测的渡越时间所对应的脉冲个数 $N$。由于 $L = vt/2$，式中，$v$ 为超声波速度，$t$ 为超声波渡越时间，所以 $L = Nv/(2f)$，式中，$f$ 是脉冲频率。

2. 超声波发射电路

超声波发射电路如图 5-12 所示。

发射电路是由 NE555 集成定时器组成的多谐振荡器。NE555 的 4 脚是复位端，利用它来控制超声波脉冲的发射，当该引脚为高电平时，NE555 有振荡脉冲输出；当该引脚为低电平时，NE555 定时器清零，没有输出。因而将 4 脚与单片机的控制信号相接就可以控制发射电路。该发射电路需要提供 40kHz 的谐振频率，所以根据其计算公式可以得出对应参数：

由于 $f = 1.43/[(R_1 + 2R_2)C_2]$ $= 40\text{kHz}$

所以可得出 $R_1 = 2.2\text{k}\Omega$，$R_2 = 4.3\text{k}\Omega$，$C_2 = 3300\text{pF}$。

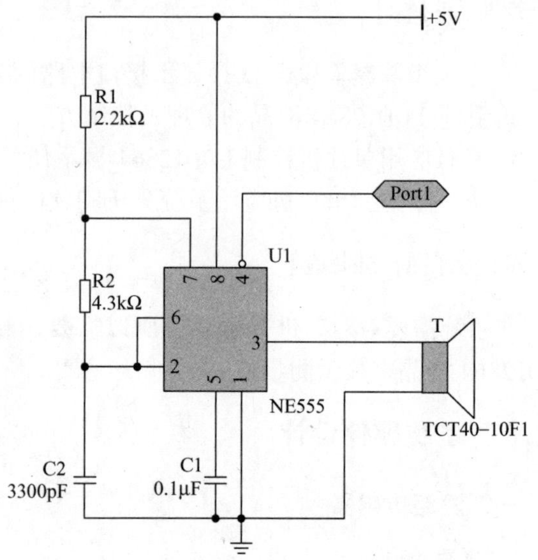

3. 超声波接收电路

超声波接收电路原理图如图 5-13 所示，超声波换能器为 TCT40－10S1，其谐振频率为 40kHz。本系统超声波接收处理电路采

图 5-12　超声波发射电路图

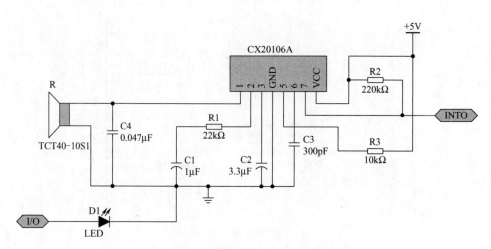

图 5-13　超声波接收电路原理图

用集成电路 CX20106A, 通过它实现超声波信号的检测, 当适当改变 C4 的大小时, 可改变接收电路的灵敏度和抗干扰能力。当 CX20106A 接收到 40kHz 的信号时, 会在第 7 脚产生一个低电平下降脉冲, 这个信号可以接到单片机的外部中断引脚作为中断信号输入; 此处加一个发光二极管, 当接收到返回超声波时, 通过控制单片机的一个 I/O 口输出高电平, 使二极管发光, 说明接收电路工作正常。

常用的 HC - SR04 超声波测距模块如图 5-14 所示, 可提供 2 ~ 400cm 的非接触式距离感测功能, 测距精度可达 1cm。模块包括超声波发射器、接收器与控制电路。HC - SR04 超声波测距模块的接线端子一共有 4 根, 分别为电源 +5V、触发信号输入、回响信号输出、地线 GND。

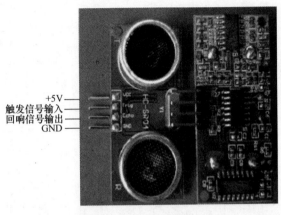

+5V
触发信号输入
回响信号输出
GND

图 5-14  超声波测距模块

## 二、LCD12864 显示模块

带中文字库的 LCD12864 是一种具有 4/8 位并行、2/3 线串行等多种接口方式, 内部含有国标一级、二级简体中文字库的点阵图形液晶显示模块, 其显示分辨率为 128 × 64 点, 内置 8192 个 16 × 16 点阵汉字和 128 个 16 × 8 点阵 ASCII 字符集。利用该模块灵活的接口方式和简单、方便的操作指令, 可构成全中文人机交互图形界面, 可以显示 8 × 4 行 16 × 16 点阵的汉字, 也可完成图形显示。低电压低功耗是其又一显著特点。由该模块构成的液晶显示方案与同类型的图形点阵液晶显示模块相比, 不论硬件电路结构或显示程序都要简洁得多, 且该模块的价格也略低于相同点阵的图形液晶模块。

1. 基本特性

1) 低电源电压 (VDD: +3.0 ~ +5.5V);

2) 显示分辨率: 128 × 64 点;

3) 内置汉字字库, 提供 8192 个 16 × 16 点阵汉字 (简/繁体可选), 内置 128 个 16 × 8 点阵字符;

4) 2MHz 时钟频率;

5) 显示方式: STN、半透、正显; 驱动方式: 1/32DUTY、1/5BIAS;

6) 视角方向: 6 点;

7) 背光方式: 高亮白色 LED, 功耗仅为普通 LED 的 1/5 ~ 1/10。

8) 通信方式: 串行、并行可选;

9) 内置 DC - DC 转换电路, 无需外加负压;

10) 无需片选信号, 简化软件设计;

11) 工作温度: 0 ~ +55℃, 存储温度: -20 ~ +60℃。

2. 模块接口

LCD12864 字符型 LCD 的模块接口见表 5-4。

表 5-4　LCD12864 字符型 LCD 的模块接口

| 引脚号 | 引脚名称 | 电平 | 引脚功能描述 |
|---|---|---|---|
| 1 | VSS | 0V | 电源地 |
| 2 | VCC | +3 ~ +5V | 电源正 |
| 3 | V0 | — | 对比度（亮度）调整 |
| 4 | RS（CS） | H/L | RS = "H"，表示 DB7 ~ DB0 为显示数据<br>RS = "L"，表示 DB7 ~ DB0 为显示指令数据 |
| 5 | R/W（SID） | H/L | R/W = "H"，E = "H"，数据被读到 DB7 ~ DB0<br>R/W = "L"，E = "H→L"，DB7 ~ DB0 的数据被写到 IR 或 DR |
| 6 | E（SCLK） | H/L | 使能信号 |
| 7 | DB0 | H/L | 三态数据线 |
| 8 | DB1 | H/L | 三态数据线 |
| 9 | DB2 | H/L | 三态数据线 |
| 10 | DB3 | H/L | 三态数据线 |
| 11 | DB4 | H/L | 三态数据线 |
| 12 | DB5 | H/L | 三态数据线 |
| 13 | DB6 | H/L | 三态数据线 |
| 14 | DB7 | H/L | 三态数据线 |
| 15 | PSB | H/L | H：8 位或 4 位并行口方式，L：串行口方式 |
| 16 | NC | — | 空脚 |
| 17 | $\overline{\text{RESET}}$ | H/L | 复位端，低电平有效 |
| 18 | VOUT | — | LCD 驱动电压输出端 |
| 19 | A | VDD | 背光源正端（+5V） |
| 20 | K | VSS | 背光源负端 |

3. 控制器接口及信号说明

1）RS、R/W 的配合选择决定控制界面的 4 种模式，见表 5-5。

表 5-5　LCD12864 的 4 种模式

| RS | R/W | 功能说明 |
|---|---|---|
| L | L | MPU 写指令到指令暂存器（IR） |
| L | H | 读出忙标志（BF）及地址计数器（AC）的状态 |
| H | L | MPU 写入数据到数据暂存器（DR） |
| H | H | MPU 从数据暂存器（DR）中读出数据 |

2）E 信号的控制，见表 5-6。

表 5-6　LCD12864 的 E 信号的控制

| E 状态 | 执行动作 | 结果 |
|---|---|---|
| 高→低 | I/O 缓冲→DR | 配合 W 进行写数据或指令 |
| 高 | DR→I/O 缓冲 | 配合 R 进行读数据或指令 |
| 低/低→高 | 无动作 | |

3）忙标志：BF。BF 标志提供内部工作情况。BF = 1 时，表示模块在进行内部操作，此时模块不接收外部指令和数据；BF = 0 时，模块为准备状态，随时可接收外部指令和数据。利用 STATUS RD 指令，可以将 BF 读到 DB7 总线，从而检验模块的工作状态。

4）字形产生 ROM（CGROM）。字形产生 ROM（CGROM）提供 8192 个汉字空间，此触发器用于模块屏幕显示开和关的控制。DFF = 1 为开显示（DISPLAY ON），DDRAM 的内容就显示在屏幕上；DFF = 0 为关显示（DISPLAY OFF）。DFF 的状态是指令 DISPLAY ON/OFF 和 RST 信号控制的。

5）显示数据 RAM（DDRAM）。模块内部显示数据 RAM 提供 64×2 个位元组的空间，最多可控制 4 行 16 字（64 个字）的中文字形显示，当写入显示数据 RAM 时，可分别显示 CGROM 与 CGRAM 的字形。此模块可显示三种字形，分别是半角英数字形（16×8）、CGRAM 字形及 CGROM 的中文字形，三种字形的选择由在 DDRAM 中写入的编码完成，在 0000H ~ 0006H 的编码中将选择 CGRAM 的自定义字形，0002H ~ 007FH 的编码中将选择半角英数字的字形，至于 A1 以上的编码将自动地结合下一个位元组，组成两个位元组的编码形成中文字形的编码 BIG5（A140 ~ D75F）、GB（A1A0 ~ F7FFH）。

6）字形产生 RAM（CGRAM）。字形产生 RAM 提供图像定义（造字）功能，可以提供四组 16×16 点的自定义图像空间，使用者可以将内部字形没有提供的图像字形自行定义到 CGRAM 中，便可和 CGROM 中的定义一样地通过 DDRAM 显示在屏幕中。

7）地址计数器 AC。地址计数器是用来存储 DDRAM/CGRAM 之一的地址，它可通过设定指令暂存器来改变，之后只要读取或是写入 DDRAM/CGRAM 的值时，地址计数器的值就会自动加 1。当 RS 为 "0" 而 R/W 为 "1" 时，地址计数器的值会被读取到 DB6 ~ DB0 中。

8）光标/闪烁控制电路。此电路模块提供硬件光标及闪烁控制电路，由地址计数器的值来指定 DDRAM 中的光标或闪烁位置。

4. 指令说明

LCD12864 显示模块控制芯片提供两套控制命令：基本指令和扩充指令，见表 5-7 和表 5-8。

表 5-7　指令表 1（RE = 0：基本指令）

| 指令 | 指令码 | | | | | | | | | 功　能 |
| --- | --- | --- | --- | --- | --- | --- | --- | --- | --- | --- |
| | RS | R/W | DB7 | DB6 | DB5 | DB4 | DB3 | DB2 | DB1 | DB0 | |
| 清除显示 | 0 | 0 | 0 | 0 | 0 | 0 | 0 | 0 | 0 | 1 | 将 DDRAM 填满 "20H"，并且设定 DDRAM 的地址计数器（AC）到 "00H" |
| 地址归位 | 0 | 0 | 0 | 0 | 0 | 0 | 0 | 0 | 1 | X | 设定 DDRAM 的地址计数器（AC）到 "00H"，并且将游标移到开头原点位置；这个指令不改变 DDRAM 的内容 |
| 显示状态开/关 | 0 | 0 | 0 | 0 | 0 | 0 | 1 | D | C | B | D = 1：整体显示 ON C = 1：游标 ON B = 1：游标位置反白允许 |
| 进入点设定 | 0 | 0 | 0 | 0 | 0 | 0 | 0 | 1 | I/D | S | 指定在数据的读取与写入时，设定游标的移动方向及指定显示的移位 |

（续）

| 指令 | 指 令 码 | | | | | | | | | | 功　能 |
|---|---|---|---|---|---|---|---|---|---|---|---|
| | RS | R/W | DB7 | DB6 | DB5 | DB4 | DB3 | DB2 | DB1 | DB0 | |
| 游标或显示移位控制 | 0 | 0 | 0 | 0 | 0 | 1 | S/C | R/L | X | X | 设定游标的移动与显示的移位控制位；这个指令不改变 DDRAM 的内容 |
| 功能设定 | 0 | 0 | 0 | 0 | 1 | DL | X | RE | X | X | DL=0/1：4/8 位数据<br>RE=1：扩充指令操作<br>RE=0：基本指令操作 |
| 设定 CGRAM 地址 | 0 | 0 | 0 | 1 | AC5 | AC4 | AC3 | AC2 | AC1 | AC0 | 设定 CGRAM 地址 |
| 设定 DDRAM 地址 | 0 | 0 | 1 | 0 | AC5 | AC4 | AC3 | AC2 | AC1 | AC0 | 设定 DDRAM 地址（显示位址）<br>第一行：80H~87H<br>第二行：90H~97H |
| 读取忙标志和地址 | 0 | 1 | BF | AC6 | AC5 | AC4 | AC3 | AC2 | AC1 | AC0 | 读取忙标志（BF）可以确认内部动作是否完成，同时可以读出地址计数器（AC）的值 |
| 写数据到 RAM | 1 | 0 | 数据 | | | | | | | | 将数据 DB7~DB0 写入到内部的 RAM（DDRAM/CGRAM/IRAM/GRAM） |
| 读出 RAM 的值 | 1 | 1 | 数据 | | | | | | | | 从内部 RAM（DDRAM/CGRAM/IRAM/GRAM）读取数据 DB7~DB0 |

### 表 5-8　指令表 2（RE=1：扩充指令）

| 指令 | 指 令 码 | | | | | | | | | | 功　能 |
|---|---|---|---|---|---|---|---|---|---|---|---|
| | RS | R/W | DB7 | DB6 | DB5 | DB4 | DB3 | DB2 | DB1 | DB0 | |
| 待命模式 | 0 | 0 | 0 | 0 | 0 | 0 | 0 | 0 | 0 | 1 | 进入待命模式，执行其他指令都将终止待命模式 |
| 卷动地址开关开启 | 0 | 0 | 0 | 0 | 0 | 0 | 0 | 0 | 1 | SR | SR=1：允许输入垂直卷动地址<br>SR=0：允许输入 IRAM 和 CGRAM 地址 |
| 反白选择 | 0 | 0 | 0 | 0 | 0 | 0 | 0 | 1 | R1 | R0 | 选择两行中的任一行进行反白显示，并可决定反白与否<br>初始值 R1R0=00，第一次设定为反白显示，再次设定变回正常 |
| 睡眠模式 | 0 | 0 | 0 | 0 | 0 | 0 | 1 | SL | X | X | SL=0：进入睡眠模式<br>SL=1：脱离睡眠模式 |
| 扩充功能设定 | 0 | 0 | 0 | 0 | 1 | CL | X | RE | G | 0 | CL=0/1：4/8 位数据<br>RE=1：扩充指令操作<br>RE=0：基本指令操作<br>G=1/0：绘图开关 |
| 设定绘图 RAM 地址 | 0 | 0 | 1 | 0<br>AC6 | 0<br>AC5 | 0<br>AC4 | AC3<br>AC3 | AC2<br>AC2 | AC1<br>AC1 | AC0<br>AC0 | 设定绘图 RAM，先设定垂直（列）地址 AC6AC5…AC0，再设定水平（行）地址 AC3AC2AC1AC0，将以上 16 位地址连续写入即可 |

注意：当控制模块在接收指令前，微处理器必须先确认其内部处于非忙碌状态，即读取 BF 标志时，BF 需为零，方可接收新的指令；如果在送出一个指令前并不检查 BF 标志，那么在前一个指令和这个指令中间必须延长一段较长的时间，即等待前一个指令确实执行完成。

5. 应用举例

1）使用前的准备。先给模块加上工作电压，再按照图 5-15 的连接方法，通过调节电位器从而调节 LCD 的对比度，使其显示出黑色的底影。此过程也可以初步检测 LCD 有无缺段现象。

2）字符显示。带中文字库的 $128 \times 64 - 0402B$ 每屏可显示 4 行 8 列共 32 个 $16 \times 16$ 点阵的汉字，每个显示 RAM 可显示 1 个中文字符或两个 $16 \times 8$ 点阵的 ASCII 码字符，即每屏最多可实现 32 个中文字符或 64 个 ASCII 码字符的显示。带中文字库的 $128 \times 64 - 0402B$ 内部提供 $128 \times 2$ 字节的字符显示 RAM 缓冲区（DDRAM）。字符显示是通过将字符显示编码写入该字符显示 RAM 实现的。根据写入内容的不同，可分别在液晶屏上显示 CGROM（中文字库）、HCGROM（ASCII 码字库）及 CGRAM（自定义字形）的内容。三种不同字符/字形的选择编码范围为：0000 ~ 0006H 显示自定义字形；0002H ~ 007FH 显示半宽 ASCII 码字符；A1A0H ~ F7FFH 显示 8192 种 GB2312 中文字库字形。字符显示 RAM 在液晶模块中的地址为 80H ~ 9FH。字符显示的 RAM 的地址与 32 个字符显示区域有着一一对应的关系，其对应关系见表 5-9。

表 5-9 RAM 的地址与 32 个字符的对应关系

| 80H | 81H | 82H | 83H | 84H | 85H | 86H | 87H |
| --- | --- | --- | --- | --- | --- | --- | --- |
| 90H | 91H | 92H | 93H | 94H | 95H | 96H | 97H |
| 88H | 89H | 8AH | 8BH | 8CH | 8DH | 8EH | 8FH |
| 98H | 99H | 9AH | 9BH | 9CH | 9DH | 9EH | 9FH |

3）图形显示。先设垂直地址，再设水平地址（连续写入两个字节的资料来完成垂直与水平的坐标地址）。

垂直地址范围：AC5 ~ AC0；

水平地址范围：AC3 ~ AC0。

绘图 RAM 的地址计数器（AC）只会对水平地址（X 轴）自动加 1，当水平地址 = 0FH 时会重新设为 00H，但并不会对垂直地址做进位自动加 1，故当连续写入多笔资料时，程序需自行判断垂直地址是否需重新设定。

4）应用说明。使用带中文字库的 $128 \times 64$ 显示模块时应注意以下几点：

① 欲在某一个位置显示中文字符时，应先设定显示字符位置，即先设定显示地址，再写入中文字符编码。

② 显示 ASCII 字符的过程与显示中文字符的过程相同。不过在显示连续字符时，只需设定一次显示地址，由模块自动对地址加 1 指向下一个字符位置，否则，显示的字符中将会有一个空 ASCII 字符位置。

③ 当字符编码为 2B 时，应先写入高位字节，再写入低位字节。

④ 模块在接收指令前，必须先向处理器确认模块内部处于非忙状态，即读取 BF 标志时

BF 需为 "0"，方可接收新的指令。如果在送出一个指令前不检查 BF 标志，则在前一个指令和这个指令中间必须延迟一段较长的时间，即等待前一个指令确定执行完成。指令执行的时间请参考指令表中的指令执行时间说明。

⑤ RE 为基本指令集与扩充指令集的选择控制位。当变更 RE 后，以后的指令集将维持在最后的状态，除非再次变更 RE 位，否则使用相同指令集时，无需每次均重设 RE 位。

### 三、LCD12864 与单片机的连接

LCD12864 与单片机的连接如图 5- 15 所示。

## 5.2.2　系统软件设计

测距系统通过测距的超声波传感器模块检测到距离信号后，通过单片机的计算，再通过液晶 LCD12864 显示出来，其控制流程图如图 5-16 所示。

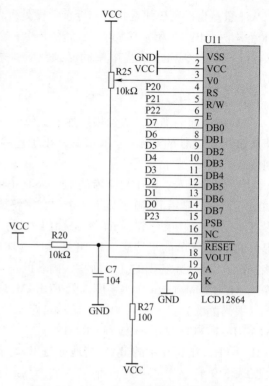

图 5-15　LCD12864 与单片机连接电路图

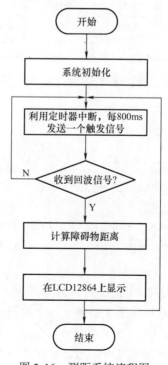

图 5-16　测距系统流程图

参考程序如下:

```
/*****************************************************************/
/*    Name:LCD12864(St7920/St7921) + 超声波测距模块 + STC89C52        */
/*    HC - SR04 超声波测距模块 DEMO 程序                              */
/*    晶振:11.0592MHz                                             */
/*    接线:模块 TRIG 接 P1.2,ECH0 接 P1.1                          */
/*    RS(CS)接   P2.3                                           */
/*    RW(SID)接   P2.4                                          */
/*    E(SCLK)接   P2.5                                          */
/*    PSB 接   GND 串行模式                                       */
/*****************************************************************/
#include    < reg51.h >
#include    < intrins.h >
//引脚定义
sbit      RX = P1 ^ 1;
sbit      TX = P1 ^ 2;
sbit      CS = P2 ^ 3;          //片选,高电平有效,单片 LCD 使用时可固定为高电平
sbit      SID = P2 ^ 4;          //数据
sbit      SCLK = P2 ^ 5;         //时钟
//Function Definition   函数声明
void Delay(int num);
void Init_DS18B20(void);
unsigned char ReadOneChar(void);
void WriteOneChar(unsigned char dat);
unsigned int ReadTemperature(void);
void clock_out(unsigned char dd);
unsigned char clock_in(void);
unsigned char read_clock(unsigned char ord);
void write_clock(unsigned char ord, unsigned char dd);
void Disp(void);
void id_case1_key(void);
void id_case2_key(void);
void Set_time(unsigned char sel,bit sel_1);
void Timer0_Init(void);
void Init_1302(void);
void Set_Bell(unsigned char sel, bit sel_1);
void Bell(void);
//LCD12864
void Write_char(bit start, unsigned char ddata);
void Send_byte(unsigned char bbyte);
```

```
void Delaynms(unsigned int di);
void Lcd_init(void);
void Disp_img(unsigned char *img);
void LCD_Write_string(unsigned char X,unsigned char Y,unsigned char *s);
void LCD_set_xy(unsigned char x, unsigned char y);
unsigned char code num[] = {"0123456789 :. - "};
unsigned char code waves[] = {"宜宾职业技术学院"};
unsigned char code znwk[] = {"机电一体化专业"};
unsigned char code CM[] =    {"M"};
unsigned int  time = 0;
       long S = 0;
       bit  flag = 0;
unsigned char disbuff[4]    = {0,0,0,0,};
/*************************************************************/
void Lcd_init(void)                    //初始化 LCD
{
Delaynms(10);                          //启动等待,等 LCD 进入工作状态
CS = 1;
Write_char(0,0x30);                    //8 位界面,基本指令集
Write_char(0,0x0c);                    //显示打开,光标关,反白关
Write_char(0,0x01);                    //清屏,将 DDRAM 的地址计数器归零
}

/*************************************************************/
void Write_char(bit start, unsigned char ddata)//写指令或数据
{
    unsigned char start_data,Hdata,Ldata;
    if(start == 0)
        start_data = 0xf8;             //写指令
    else
        start_data = 0xfa;             //写数据
    Hdata = ddata&0xf0;                //取高 4 位
    Ldata = (ddata << 4)&0xf0;         //取低 4 位
    Send_byte(start_data);             //发送起始信号
    Delaynms(5);                       //延时
    Send_byte(Hdata);                  //发送高 4 位
    Delaynms(1);                       //延时
    Send_byte(Ldata);                  //发送低 4 位
    Delaynms(1);                       //延时
}

/*************************************************************/
```

```
void Send_byte(unsigned char bbyte)    //发送一个字节
{
    unsigned char i;
    for(i = 0;i < 8;i ++ )
    {
        SID = bbyte&0x80;              //取出最高位
        SCLK = 1;
        SCLK = 0;
        bbyte << = 1;                  //左移
    }
}
/*************************************************************/
void Delaynms(unsigned int di)         //延时
{
    unsigned int da,db;
    for(da = 0;da < di;da ++ )
        for(db = 0;db < 10;db ++ );
}
/*************************************************************/
void Disp_img(unsigned char    *img)   //图形方式,字模软件为:字模 221. exe,横向取模
{
    unsigned char i,j;
    unsigned int k = 0;
    Write_char(0,0x36);                //图形方式
    for(i = 0;i < 32;i ++ )
    {
        Write_char(0,0x80 + i);
        Write_char(0,0x80);
        for(j = 0;j < 16;j ++ )
        {
            Write_char(1,img[k ++ ]);
        }
    }
    for(i = 0;i < 32;i ++ )
    {
        Write_char(0,0x80 + i);
        Write_char(0,0x88);
        for(j = 0;j < 16;j ++ )
        {
            Write_char(1,img[k ++ ]);
```

```
            }
        }
    }
/*********************************************************/
void Clr_Scr( void )                    //清屏函数
{
    Write_char( 0,0x01 );
}
/*********************************************************/
void LCD_set_xy( unsigned char x, unsigned char y )
{                                //设置 LCD 显示的起始位置,x 为行,y 为列
    unsigned char address;
    switch( x )
    {
        case 0: address = 0x80 + y; break;
        case 1: address = 0x80 + y; break;
        case 2: address = 0x90 + y; break;
        case 3: address = 0x88 + y; break;
        case 4: address = 0x98 + y; break;
        default: address = 0x80 + y; break;
    }
    Write_char( 0, address );
}
/*********************************************************/
void LCD_Write_string( unsigned char X, unsigned char Y, unsigned char *s )
{                                //中英文字符串显示函数
    LCD_set_xy( X, Y );

    while ( *s )
    {
        Write_char( 1, *s );
        s ++;
        Delaynms( 1 );
    }
}
/*********************************************************/
void LCD_Write_number( unsigned char s )//数字显示函数
{
    Write_char( 1, num[ s ] );
    Delaynms( 1 );
```

```c
}
/*******************************************************/
void Lcd_Mark2(void)
{
    Clr_Scr();//清屏
    LCD_Write_string(1,0,znwk);//
    LCD_Write_string(2,0,waves);//
    LCD_Write_string(3,7,CM);//
}
/*******************************************************/
void Conut(void)
{
    time = TH0 *256 + TL0;
    TH0 =0;
    TL0 =0;
    S = time *1.87/100;    //算出来的距离,单位为cm,晶振频率为11.0592MHz
    if(flag ==1)            //超出测量时标志位flag为1
    {
    flag =0;
    LCD_set_xy( 3, 4 );
    LCD_Write_number(13);
    LCD_Write_number(12);
    LCD_set_xy( 3, 5 );
    LCD_Write_number(13);
    LCD_Write_number(13);

    }
    else
    {
        disbuff[1] = S%1000/100;
        disbuff[2] = S%1000%100/10;
        disbuff[3] = S%1000%10 %10;
        LCD_set_xy( 3, 4 );
        LCD_Write_number(disbuff[1]);
        LCD_Write_number(12);
        LCD_set_xy( 3, 5 );
        LCD_Write_number(disbuff[2]);
        LCD_Write_number(disbuff[3]);
    }
}
```

```
/***********************************************************/
void delayms( unsigned int ms)
{
    unsigned char i = 100, j;
    for( ; ms; ms -- )
    {
        while( --i)
        {
            j = 10;
            while( --j);
        }
    }
}
/***************************************************************/
void zd0( ) interrupt 1          //T0 中断,判断是否超过测量范围
{
    flag = 1;                    //中断溢出标志
}
/***************************************************************/
void   StartModule( )           //T1 中断,用来检测是否扫描数码管及定时 800ms
{
    TX = 1;                     //800ms 启动一次模块
    _nop_( );
    _nop_( );
    TX = 0;
}
/***************************************************************/
void main( void)
{
    TMOD = 0x01;                //设 T0 为方式 1, GATE = 1
    TH0 = 0;
    TL0 = 0;
    TR0 = 1;
    Lcd_init( );                //设置液晶显示器
    Clr_Scr( );                 //清屏
    Lcd_Mark2( );
    while(1)
    {
        StartModule( );
                                //计算
```

```
        while( ! RX);              //当 RX 为零时等待
        TR0 = 1;                   //开启计数
        while( RX);                //当 RX 为 1 时计数并等待
        TR0 = 0;                   //关闭计数
        Conut( );
        delayms(80);               //80ms
    }
}
```

**知识点学习：**

无论是测量型的仪器仪表，还是信号源型的仪器仪表，都有一个显示子系统。显示器是人与机器沟通的重要界面，早期以显像管（Cathode Ray Tube，CRT）显示器为主，随着科技不断进步，显示技术也发展较快，近年来，液晶显示器（LCD）以其轻薄短小、低耗电量、无辐射危险、平面直角显示以及影像稳定不闪烁等优势，逐渐取代了 CRT 的主流地位。

1. 液晶显示器的特点及分类

（1）液晶显示器的特点

液晶显示器主要有以下特点：

1）显示质量高。由于液晶显示器每一个点在收到信号后就一直保持那种色彩和亮度，恒定发光，而不像显像管显示器（CRT）那样需要不断刷新亮点。因此，液晶显示器画质高而且绝对不会闪烁，把眼睛疲劳降到最低。

2）没有电磁辐射。传统显示器的显示材料是荧光粉，通过电子束撞击荧光粉而显示，电子束在打到荧光粉上的一刹那间会产生强大的电磁辐射，尽管目前有许多显示器产品对辐射进行了比较有效的处理，尽可能把辐射量降到最低，但要彻底消除是困难的。相对来说，液晶显示器在防止辐射方面具有先天的优势，因为它根本就不存在辐射。在电磁波的防范方面，液晶显示器也有自己独特的优势，它采用了严格的密封技术将来自驱动电路的少量电磁波封闭在显示器中，而普通显示器为了散发热量的需要，必须尽可能地让内部的电路与空气接触，这样，内部电路产生的电磁波也就大量地向外"泄漏"了。

3）可视面积大。对于相同尺寸的显示器来说，液晶显示器的可视面积要更大一些。液晶显示器的可视面积跟它的对角线尺寸相同。阴极射线管显示器的显像管前面板四周有 1in 左右的边框不能用于显示。

4）应用范围广。最初的液晶显示器由于无法显示细腻的字符，通常应用在电子表、计算器上。随着液晶显示技术的不断发展和进步，字符显示开始细腻起来，同时也支持基本的彩色显示，并逐步用于液晶电视、摄像机的液晶显示器、掌上游戏机上。而随后出现的 DSTN 和 TFT 则被广泛制作成计算机中的液晶显示设备，DSTN 液晶显示屏用于早期的笔记本式计算机；TFT 则既应用在笔记本式计算机上，又用于主流台式计算机上。

5）画面效果好。与传统显示器相比，液晶显示器一开始就使用纯平面的玻璃板，其显示效果是平面直角的，让人有耳目一新的感觉。而且液晶显示器更容易在小面积屏幕上实现高分辨率，例如，17in 的液晶显示器就能很好地实现 1280 × 1024 像素分辨率，而通常 18inCRT 彩色显示器上使用 1280 × 1024 像素以上分辨率的画面效果是不能完全令人满意的。

6）数字式接口。液晶显示器都是数字式的，不像阴极射线管彩色显示器采用模拟接口。也就是说，使用液晶显示器，显卡再也不需要像往常那样把数字信号转换成模拟信号再进行输出了。理论上，这会使色彩和定位都更加准确完美。

7）"身材"匀称小巧。传统的阴极射线管显示器后面总是拖着一个笨重的射线管。因为传统显示器是通过电子枪发射电子束到屏幕，因而显像管的管颈不能做得很短，当屏幕增加时也必然增大整个显示器的体积。而液晶显示器通过显示屏上的电极控制液晶分子的状态来达到显示目的，即使屏幕加大，它的体积也不会成正比增加，而且在重量上比相同显示面积的传统显示器要轻得多。

8）功率消耗小。传统的显示器内部由许多电路组成，这些电路驱动着阴极射线显像管工作时，需要消耗很大的功率，而且随着体积的不断增大，其内部电路消耗的功率肯定也会随之增大。相比而言，液晶显示器的功耗主要消耗在其内部的电极和驱动 IC 上，因而耗电量比传统显示器也要小得多。

（2）液晶显示器的分类

液晶显示器（LCD）的分类方法有很多种，通常按其显示方式分为段式、字符式和点阵式等。除了黑白显示外，液晶显示器还有多灰度显示、彩色显示等。

按照物理结构分，LCD 可分为无源矩阵显示器中的双扫描无源阵列显示器（DSTN‐LCD）和有源矩阵显示器中的薄膜晶体管有源阵列显示器（TFT‐LCD）。DSTN 液晶显示器的对比度和亮度较差，可视角度小，色彩欠丰富，但它结构简单，价格低廉，因此仍然被使用。TFT（Thin Film Transistor，薄膜晶体管）技术是指液晶显示器上的每一液晶像素点都由集成在其后的薄膜晶体管来驱动。相比于 DSTN‐LCD，TFT‐LCD 的屏幕反应速度快，对比度和亮度高，可视角度大，色彩丰富，是当前 Desktop LCD（桌面型显示器）和 Notebook LCD（笔记本型显示器）的主流显示设备。

液晶显示器按照其控制方式不同可分为被动矩阵式 LCD 及主动矩阵式 LCD 两种。被动矩阵式 LCD 在亮度及可视角方面受到较大的限制，反应速度也较慢。由于画面质量方面的问题，使得这种显示设备不利于发展为 Desktop LCD，但由于成本低廉的因素，市场上仍有部分的显示器采用被动矩阵式 LCD。被动矩阵式 LCD 又可分为 TN‐LCD（Twisted Nematic‐LCD，扭曲向列 LCD）、STN‐LCD（Super TN‐LCD，超扭曲向列 LCD）和 DSTN‐LCD（Double layers STN‐LCD，双层超扭曲向列 LCD）。目前应用比较广泛的主动矩阵式 LCD，也称 TFT‐LCD（Thin Film Transistor‐LCD，薄膜晶体管 LCD）。TFT 液晶显示器是在画面中的每个像素内建晶体管，可使亮度更明亮、色彩更丰富、可视面积更宽广。

2. 液晶显示器的工作原理

我们很早就知道物质有固态、液态、气态三种形态。液体分子质心的排列虽然不具有任何规律性，但是如果这些分子是长形的（或扁形的），它们的分子指向就可能有规律性，于是人们将液态又细分为许多形态。分子方向没有规律性的称为液体，而分子具有方向性的则称之为"液态晶体"，又简称"液晶"。液晶产品其实对大家来说并不陌生，日常生活中常见到的手机、计算器等都属于液晶产品。液晶是在 1888 年由奥地利植物学家 Reinitzer 发现的，是一种介于固体与液体之间、具有规则性分子排列的有机化合物。一般最常用的液晶形态为向列型液晶，分子形状为细长棒形，长度为 1～10nm，在不同电场的作用下，液晶分子会规则旋转 90°排列，产生透光度的差别，因此在电源 ON、OFF 下产生明、暗的区别，依此原理控制每个像素，便可构成所需图像。

（1）被动矩阵式 LCD 的工作原理

TN‑LCD、STN‑LCD 和 DSTN‑LCD 之间的显示原理基本相同，不同之处是液晶分子的扭曲角度有些差别。下面以典型的 TN‑LCD 为例介绍其结构及工作原理。

在厚度不到1cm 的 TN‑LCD 液晶显示屏面板中，通常是由两片大玻璃基板内夹着彩色滤光片、配向膜等制成的夹板，外面再包裹着两片偏光板，它们可决定光通量的最大值与颜色的产生。彩色滤光片是由红、绿、蓝三种颜色构成的滤片，有规律地制作在一块大玻璃基板上。每一个像素由三种颜色的单元（或称为子像素）所组成。假如有一块面板的分辨率为 $1280 \times 1024$ 像素，则它实际拥有 $3840 \times 1024$ 个晶体管及子像素。

每个子像素的左上角（灰色矩形）为不透光的薄膜晶体管，彩色滤光片能产生 RGB 三原色。每个夹层都包含电极和配向膜上形成的沟槽，上、下夹层中填充了多层液晶分子（液晶空间不到 $5 \times 10^{-6}$m）。在同一层内，液晶分子的位置虽不规则，但长轴取向都是平行于偏光板的。另一方面，在不同层之间，液晶分子的长轴沿偏光板平行平面连续扭转90°。其中，邻接偏光板的两层液晶分子长轴的取向，与所邻接的偏光板的偏振光方向一致。接近上部夹层的液晶分子按照上部沟槽的方向来排列，而接近下部夹层的液晶分子按照下部沟槽的方向排列，最后再封装成一个液晶盒，并与驱动 IC、控制 IC 的印制电路板相连接。

在正常情况下，光线从上向下照射时，通常只有一个角度的光线能够穿透下来，通过上偏光板导入上部夹层的沟槽中，再通过液晶分子扭转排列的通路从下偏光板穿出，形成一个完整的光线穿透途径。而液晶显示器的夹层贴附了两块偏光板，这两块偏光板的排列和透光角度与上、下夹层的沟槽排列相同。当对液晶层施加某一电压时，由于受到外界电压的影响，液晶会改变它的初始状态，不再按照正常的方式排列，而变成竖立的状态。因此，经过液晶的光会被第二层偏光板吸收，而整个结构呈现不透光的状态，结果在显示屏上出现黑色。当未对液晶层施加任何电压时，液晶是在它的初始状态，会把入射光的方向扭转90°，因此让背光源的入射光能够通过整个结构，结果在显示屏上出现白色。为了使在面板上的每一个独立像素都能产生想要的色彩，需要采用多个冷阴极灯管来当作显示器的背光源。

（2）主动矩阵式 LCD 的工作原理

TFT‑LCD 液晶显示器的结构与 TN‑LCD 液晶显示器基本相同，只不过将 TN‑LCD 上夹层的电极改为 FET 晶体管，而下夹层改为共通电极。

TFT‑LCD 液晶显示器的工作原理与 TN‑LCD 却有许多不同之处。TFT‑LCD 液晶显示器的显像原理是采用"背透式"照射方式。当光源照射时，先通过下偏光板向上透出，借助液晶分子来传导光线。由于上、下夹层的电极改成了 FET 电极和共通电极，在 FET 电极导通时，液晶分子的排列状态同样会发生改变，也通过遮光和透光来达到显示的目的。但不同的是，由于 FET 晶体管具有电容效应，能够保持电位状态，先前透光的液晶分子会一直保持这种状态，直到 FET 电极下一次再加电改变其排列方式为止。

（3）液晶显示器显示各种图形的原理

1）线段的显示。点阵图形式液晶由 $M \times N$ 个显示单元组成，假设 LCD 显示屏有 64 行，每行有 128 列，每 8 列对应 1B 的 8 位，即每行由 $16 \times 8 = 128$ 个点组成，屏上 $64 \times 16$ 个显示单元与 RAM 区的 1024B 相对应，每 1B 的内容和显示屏上相应位置的亮暗对应。

例如：屏的第 1 行的亮暗由 RAM 区 000H ~ 00FH 的 16B 的内容决定，当（000H）= FFH 时，屏幕的左上角显示一条短亮线，长度为 8 个点；当（3FFH）= FFH 时，屏幕的右下角显示一条短亮线；当 (000H) = FFH、(001H) = FFH、(002H) = FFH、…、(00EH) = FFH、(00FH) = FFH 时，则在屏幕的顶部显示一条由 8 段亮线和 8 段暗线组成的虚线。这就是 LCD 显示的基本原理。

2) 字符的显示。用 LCD 显示一个字符时比较复杂，因为一个字符由 6×8 或 8×8 点阵组成，既要找到与显示屏某个位置对应的显示 RAM 区的 8B，还要使每个字节的不同位为"1"，其他的为"0"，为"1"的点亮，为"0"的不亮，这样一来就组成了一个字符。但对于内带字符发生器的控制器来说，显示字符就比较简单了，可以让控制器工作在文本方式，根据在 LCD 上开始显示的行列号及每行的列数找出显示 RAM 对应的地址，设立光标，在此送上该字符对应的代码即可。

3) 汉字的显示。汉字的显示一般采用图形的方式，事先从计算机中提取要显示的汉字的点阵码（一般用字模提取软件），每个汉字占 32B，分左右两半，各占 16B，左边为 1、3、5……，右边为 2、4、6……根据在 LCD 上开始显示的行列号及每行的列数可找出显示 RAM 对应的地址，设立光标，送上要显示的汉字的第 1 个字节，光标位置加 1，送第 2 个字节，换行按列对齐，送第 3 个字节……直到 32B 显示完就可以在 LCD 上得到一个完整的汉字。

**3. 液晶显示器的技术参数**

液晶显示器的主要技术参数如下：

1) 可视面积。液晶显示器所标示的尺寸就是实际可以使用的屏幕范围。例如，一个 15.1in 的液晶显示器约等于 17inCRT 屏幕的可视范围。

2) 可视角度。液晶显示器的可视角度左右对称，而上下则不一定对称。例如，当背光源的入射光通过偏光板、液晶及取向膜后，输出光便具备了特定的方向特性，也就是说，大多数从屏幕射出的光具备了垂直方向。假如从一个非常斜的角度观看一个全白的画面，可能会看到黑色或是色彩失真。一般来说，上下角度要小于或等于左右角度。如果可视角度为左右 80°，表示在始于屏幕法线 80°的位置时可以清晰地看见屏幕图像。但是，由于人的视力范围不同，如果没有站在最佳的可视角度内，所看到的颜色和亮度将会有误差。目前新推出的广视角技术，可改善液晶显示器的视角特性，如 IPS（In Plane Switching）、MVA（Multidomain Vertical Alignment）、TN + FILM，这些技术都能把液晶显示器的可视角度增加到 160°，甚至更多。

3) 点距。液晶显示器的点距是如何得到的呢？举例来说，一般 14inLCD 的可视面积为 285.7mm×214.3mm，它的最大分辨率为 1024×768 像素，那么点距就等于可视宽度/水平像素（或者可视高度/垂直像素），即 285.7mm/1024 = 0.279mm（或 214.3mm/768 = 0.279mm）。

4) 色彩表现度。LCD 的重要特性是其色彩表现度。LCD 面板上是由 1024×768 个像素点合成显像的，每个独立的像素色彩由红、绿、蓝（R、G、B）三种基本色来控制。大部分厂商生产出来的液晶显示器，每个基本色（R、G、B）达到 6 位，即 64 种色彩表现度，那么每个独立的像素就有 64×64×64 = 262144 种色彩。也有不少厂商使用了所谓的 FRC（Frame Rate Control）技术，以仿真的方式来表现出全彩的画面，也就是每个基本色（R、G、B）能达到 8 位，即 256 种色彩表现度，那么每个独立的像素就有高达 256×256×256 = 16777216 种色彩了。

5) 对比值。对比值是指最大亮度值（全白）除以最小亮度值（全黑）的比值。CRT 显示器的对比值通常高达 500：1，以致在 CRT 显示器上呈现真正全黑的画面是很容易的。但对 LCD 来说就不是很容易了，由冷阴极射线管所构成的背光源很难做到快速地开关，因此背光源始终处于点亮的状态。为了得到全黑画面，液晶模块必须完全把由背光源而来的光完全阻挡，但在物理特性上，这些器件无法完全达到这样的要求，总是会有一些漏光发生。一般来说，人眼可以接受的对比值约为 250：1。

6）亮度值。液晶显示器的最大亮度，通常由冷阴极射线管（背光源）来决定，亮度值一般都在 $200 \sim 250 cd/m^2$ 之间。液晶显示器的亮度略低，会使人觉得屏幕发暗。虽然技术上可以达到更高亮度，但是这并不代表亮度值越高越好，因为太高亮度的显示器有可能使观看者的眼睛受伤。

7）响应时间。响应时间是指液晶显示器各像素点对输入信号反应的速度，此值当然是越小越好。如果响应时间太长了，就有可能使液晶显示器在显示动态图像时，有尾影拖曳的感觉。一般液晶显示器的响应时间在 $20 \sim 30 ms$ 之间。

## 【项目检查与评估】

项目考核内容见表 5-10。

表 5-10　液晶显示控制系统运行项目评价表

| 考核项目 | 考核内容 | 技术要求 | 评分标准 | 得分 | 备注 |
|---|---|---|---|---|---|
| 总体设计 | ① 任务分析<br>② 方案设计<br>③ 软件和硬件功能划分 | ① 任务明确（5分）<br>② 方案设计合理、有新意（10分）<br>③ 软件和硬件功能划分合理（5分） | 20分 | | |
| 硬件设计 | ① 片内元器件分配<br>② 电路原理图设计<br>③ 电路板制作 | ① 片内元器件分配正确、合理（5分）<br>② 电路原理图设计正确（10分）<br>③ 电路板制作：布线正确、整齐、合理（5分） | 20分 | | |
| 软件设计 | ① 算法和数据结构设计<br>② 流程图设计<br>③ 编程 | ① 算法和数据结构设计正确、合理（5分）<br>② 流程图设计正确、简明（5分）<br>③ 编程正确、有新意（10分） | 20分 | | |
| 系统仿真与调试 | ① 调试顺序<br>② 错误排除<br>③ 调试结果 | ① 调试顺序正确（5分）<br>② 能熟练排除错误（10分）<br>③ 调试后运行正确（5分） | 20分 | | |
| 实训报告 | ① 书写<br>② 内容<br>③ 图形绘制<br>④ 结果分析 | ① 书写规范整齐（5分）<br>② 内容翔实具体（5分）<br>③ 图形绘制正确、完整、全面（5分）<br>④ 能正确分析实验结果（5分） | 20分 | | |
| 评价结果 | | | | | |

## 【项目总结】

本项目通过对 LCD12864 和测距传感器的应用，强化了单片机的应用，为今后设计比较复杂的控制系统打下了基础。

## 【练习与训练】

设计一个 LCD12864 控制电路，当系统上电时，LCD12864 液晶显示器显示 4 行字，第一行显示"我爱电子产品制作"，第二行显示"按键控制系统"，第三行显示"按键按下次数为："，第四行显示"00 次"。当每按下一次按键后，第四行显示的内容加 1。

# 附　　录

## 附录 A　MCS-51 汇编指令速查表

| 类别 | 指令格式 | 功能简述 | 字节数 | 周期 |
|---|---|---|---|---|
| 数据传送类指令 | MOV　A, Rn | 寄存器送累加器 | 1 | 1 |
| | MOV　Rn, A | 累加器送寄存器 | 1 | 1 |
| | MOV　A, @Ri | 内部 RAM 单元送累加器 | 1 | 1 |
| | MOV　@Ri, A | 累加器送内部 RAM 单元 | 1 | 1 |
| | MOV　A, #data | 立即数送累加器 | 2 | 1 |
| | MOV　A, direct | 直接寻址单元送累加器 | 2 | 1 |
| | MOV　direct, A | 累加器送直接寻址单元 | 2 | 1 |
| | MOV　Rn, #data | 立即数送寄存器 | 2 | 1 |
| | MOV　direct, #data | 立即数送直接寻址单元 | 3 | 2 |
| | MOV　@Ri, #data | 立即数送内部 RAM 单元 | 2 | 1 |
| | MOV　direct, Rn | 寄存器送直接寻址单元 | 2 | 2 |
| | MOV　Rn, direct | 直接寻址单元送寄存器 | 2 | 2 |
| | MOV　direct, @Ri | 内部 RAM 单元送直接寻址单元 | 2 | 2 |
| | MOV　@Ri, direct | 直接寻址单元送内部 RAM 单元 | 2 | 2 |
| | MOV　direct2, direct1 | 直接寻址单元送直接寻址单元 | 3 | 2 |
| | MOV　DPTR, #data16 | 16 位立即数送数据指针 | 3 | 2 |
| | MOVX　A, @Ri | 外部 RAM 单元送累加器（8 位地址） | 1 | 2 |
| | MOVX　@Ri, A | 累加器送外部 RAM 单元（8 位地址） | 1 | 2 |
| | MOVX　A, @DPTR | 外部 RAM 单元送累加器（16 位地址） | 1 | 2 |
| | MOVX　@DPTR, A | 累加器送外部 RAM 单元（16 位地址） | 1 | 2 |
| | MOVC　A, @A+DPTR | 查表数据送累加器（DPTR 为基址） | 1 | 2 |
| | MOVC　A, @A+PC | 查表数据送累加器（PC 为基址） | 1 | 2 |
| 算术运算类指令 | XCH　A, Rn | 累加器与寄存器交换 | 1 | 1 |
| | XCH　A, @Ri | 累加器与内部 RAM 单元交换 | 1 | 1 |
| | XCHD　A, direct | 累加器与直接寻址单元交换 | 2 | 1 |
| | XCHD　A, @Ri | 累加器与内部 RAM 单元低 4 位交换 | 1 | 1 |
| | SWAP　A | 累加器高 4 位与低 4 位交换 | 1 | 1 |
| | POP　direct | 栈顶弹出指令直接寻址单元 | 2 | 2 |
| | PUSH　direct | 直接寻址单元压入栈顶 | 2 | 2 |
| | ADD　A, Rn | 累加器加寄存器 | 1 | 1 |
| | ADD　A, @Ri | 累加器加内部 RAM 单元 | 1 | 1 |
| | ADD　A, direct | 累加器加直接寻址单元 | 2 | 1 |

（续）

| 类别 | 指 令 格 式 | 功 能 简 述 | 字节数 | 周期 |
|---|---|---|---|---|
| 算术运算类指令 | ADD　A，#data | 累加器加立即数 | 2 | 1 |
| | ADDC　A，Rn | 累加器加寄存器和进位标志 | 1 | 1 |
| | ADDC　A，@Ri | 累加器加内部 RAM 单元和进位标志 | 1 | 1 |
| | ADDC　A，#data | 累加器加立即数和进位标志 | 2 | 1 |
| | ADDC　A，direct | 累加器加直接寻址单元和进位标志 | 2 | 1 |
| | INC　A | 累加器加 1 | 1 | 1 |
| | INC　Rn | 寄存器加 1 | 1 | 1 |
| | INC　direct | 直接寻址单元加 1 | 2 | 1 |
| | INC　@Ri | 内部 RAM 单元加 1 | 1 | 1 |
| | INC　DPTR | 数据指针加 1 | 1 | 2 |
| | DA　A | 十进制调整 | 1 | 1 |
| | SUBB　A，Rn | 累加器减寄存器和进位标志 | 1 | 1 |
| | SUBB　A，@Ri | 累加器减内部 RAM 单元和进位标志 | 1 | 1 |
| | SUBB　A，#data | 累加器减立即数和进位标志 | 2 | 1 |
| | SUBB　A，direct | 累加器减直接寻址单元和进位标志 | 2 | 1 |
| | DEC　A | 累加器减 1 | 1 | 1 |
| | DEC　Rn | 寄存器减 1 | 1 | 1 |
| | DEC　@Ri | 内部 RAM 单元减 1 | 1 | 1 |
| | DEC　direct | 直接寻址单元减 1 | 2 | 1 |
| | MUL　AB | 累加器乘以寄存器 B | 1 | 4 |
| | DIV　AB | 累加器除以寄存器 B | 1 | 4 |
| 逻辑运算类指令 | ANL　A，Rn | 累加器与寄存器 | 1 | 1 |
| | ANL　A，@Ri | 累加器与内部 RAM 单元 | 1 | 1 |
| | ANL　A，#data | 累加器与立即数 | 2 | 1 |
| | ANL　A，direct | 累加器与直接寻址单元 | 2 | 1 |
| | ANL　direct，A | 直接寻址单元与累加器 | 2 | 1 |
| | ANL　direct，#data | 直接寻址单元与立即数 | 3 | 1 |
| | ORL　A，Rn | 累加器或寄存器 | 1 | 1 |
| | ORL　A，@Ri | 累加器或内部 RAM 单元 | 1 | 1 |
| | ORL　A，#data | 累加器或立即数 | 2 | 1 |
| | ORL　A，direct | 累加器或直接寻址单元 | 2 | 1 |
| | ORL　direct，A | 直接寻址单元或累加器 | 2 | 1 |
| | ORL　direct，#data | 直接寻址单元或立即数 | 3 | 1 |
| | XRL　A，Rn | 累加器异或寄存器 | 1 | 1 |
| | XRL　A，@Ri | 累加器异或内部 RAM 单元 | 1 | 1 |
| | XRL　A，#data | 累加器异或立即数 | 2 | 1 |
| | XRL　A，direct | 累加器异或直接寻址单元 | 2 | 1 |
| | XRL　direct，A | 直接寻址单元异或累加器 | 2 | 1 |
| | XRL　direct，#data | 直接寻址单元异或立即数 | 3 | 2 |
| | RL　A | 累加器左循环移位 | 1 | 1 |
| | RLC　A | 累加器连进位标志左循环移位 | 1 | 1 |

（续）

| 类别 | 指令格式 | 功能简述 | 字节数 | 周期 |
|---|---|---|---|---|
| 逻辑运算类指令 | RR A | 累加器右循环移位 | 1 | 1 |
| | RRC A | 累加器连进位标志右循环移位 | 1 | 1 |
| | CPL A | 累加器取反 | 1 | 1 |
| | CLR A | 累加器清零 | 1 | 1 |
| 控制转移类指令 | ACCALL addr11 | 2KB 范围内绝对调用 | 2 | 2 |
| | AJMP addr11 | 2KB 范围内绝对转移 | 2 | 2 |
| | LCALL addr16 | 2KB 范围内长调用 | 3 | 2 |
| | LJMP addr16 | 2KB 范围内长转移 | 3 | 2 |
| | SJMP rel | 相对短转移 | 2 | 2 |
| | JMP @ A + DPTR | 相对长转移 | 1 | 2 |
| | RET | 子程序返回 | 1 | 2 |
| | RET1 | 中断返回 | 1 | 2 |
| | JZ rel | 累加器为零转移 | 2 | 2 |
| | JNZ rel | 累加器非零转移 | 2 | 2 |
| | CJNE A, #data, rel | 累加器与立即数不等转移 | 3 | 2 |
| | CJNE A, direct, rel | 累加器与直接寻址单元不等转移 | 3 | 2 |
| | CJNE Rn, #data, rel | 寄存器与立即数不等转移 | 3 | 2 |
| | CJNE@ Ri, #data, rel | RAM 单元与立即数不等转移 | 3 | 2 |
| | DJNZ Rn, rel | 寄存器减1不为零转移 | 2 | 2 |
| | DJNZ direct, rel | 直接寻址单元减1不为零转移 | 3 | 2 |
| 布尔操作类指令 | NOP | 空操作 | 1 | 1 |
| | MOV C, bit | 直接寻址位送 C | 2 | 1 |
| | MOV bit, C | C 送直接寻址位 | 2 | 1 |
| | CLR C | C 清零 | 1 | 1 |
| | CLR bit | 直接寻址位清零 | 2 | 1 |
| | CPL C | C 取反 | 1 | 1 |
| | CPL bit | 直接寻址位取反 | 2 | 1 |
| | SETB C | C 置位 | 1 | 1 |
| | SETB bit | 直接寻址位置位 | 2 | 1 |
| | ANL C, bit | C 逻辑与直接寻址位 | 2 | 2 |
| | ANL C, /bit | C 逻辑与直接寻址位的反 | 2 | 2 |
| | ORL C, bit | C 逻辑或直接寻址位 | 2 | 2 |
| | ORL C, /bit | C 逻辑或直接寻址位的反 | 2 | 2 |
| | JC rel | C 为1转移 | 2 | 2 |
| | JNC rel | C 为零转移 | 2 | 2 |
| | JB bit, rel | 直接寻址位为1转移 | 3 | 2 |
| | JNB bit, rel | 直接寻址位为0转移 | 3 | 2 |
| | JBC bit, rel | 直接寻址位为1转移并清该位 | 3 | 2 |

# 附录 B　ASCII 码表

| ASCII 值 | 控制字符 | ASCII 值 | 控制字符 | ASCII 值 | 控制字符 | ASCII 值 | 控制字符 |
|---|---|---|---|---|---|---|---|
| 0 | NUT | 32 | （space） | 64 | @ | 96 | 、 |
| 1 | SOH | 33 | ! | 65 | A | 97 | a |
| 2 | STX | 34 | " | 66 | B | 98 | b |
| 3 | ETX | 35 | # | 67 | C | 99 | c |
| 4 | EOT | 36 | $ | 68 | D | 100 | d |
| 5 | ENQ | 37 | % | 69 | E | 101 | e |
| 6 | ACK | 38 | & | 70 | F | 102 | f |
| 7 | BEL | 39 | , | 71 | G | 103 | g |
| 8 | BS | 40 | ( | 72 | H | 104 | h |
| 9 | HT | 41 | ) | 73 | I | 105 | i |
| 10 | LF | 42 | * | 74 | J | 106 | j |
| 11 | VT | 43 | + | 75 | K | 107 | k |
| 12 | FF | 44 | , | 76 | L | 108 | l |
| 13 | CR | 45 | – | 77 | M | 109 | m |
| 14 | SO | 46 | . | 78 | N | 110 | n |
| 15 | SI | 47 | / | 79 | O | 111 | o |
| 16 | DLE | 48 | 0 | 80 | P | 112 | p |
| 17 | DCI | 49 | 1 | 81 | Q | 113 | q |
| 18 | DC2 | 50 | 2 | 82 | R | 114 | r |
| 19 | DC3 | 51 | 3 | 83 | X | 115 | s |
| 20 | DC4 | 52 | 4 | 84 | T | 116 | t |
| 21 | NAK | 53 | 5 | 85 | U | 117 | u |
| 22 | SYN | 54 | 6 | 86 | V | 118 | v |
| 23 | TB | 55 | 7 | 87 | W | 119 | w |
| 24 | CAN | 56 | 8 | 88 | X | 120 | x |
| 25 | EM | 57 | 9 | 89 | Y | 121 | y |
| 26 | SUB | 58 | : | 90 | Z | 122 | z |
| 27 | ESC | 59 | ; | 91 | [ | 123 | ¦ |
| 28 | FS | 60 | < | 92 | / | 124 | l |
| 29 | GS | 61 | = | 93 | ] | 125 | ¦ |
| 30 | RS | 62 | > | 94 | ^ | 126 | ~ |
| 31 | US | 63 | ? | 95 | — | 127 | DEL |

# 参 考 文 献

[1] 郭天祥. 51 单片机 C 语言教程 [M]. 北京：电子工业出版社，2011.

[2] 程利民，朱晓玲. 单片机 C 语言编程实践 [M]. 北京：电子工业出版社，2011.

[3] 王静霞. 单片机应用技术（C 语言版）[M]. 北京：电子工业出版社，2014.

[4] 杜恒. C 语言程序设计 [M]. 北京：机械工业出版社，2011.

[5] 谭浩强. C 程序设计 [M]. 北京：清华大学出版社，1991.

[6] 赵文博，刘文涛. 单片机 C51 程序设计 [M]. 北京：人民邮电出版社，2004.

[7] 梁合庆. 从 C 到嵌入式 C 编程语言 [M]. 北京：北京航空航天大学出版社，2011.

[8] 刘红兵，邓木生. 电子产品的生产与检验 [M]. 北京：高等教育出版社，2012.

[9] 陈强. 电子产品设计与制作 [M]. 北京：电子工业出版社，2010.